G.L ABU YOUCEF

Resíduos hospitalares

G.L ABU YOUCEF

Resíduos hospitalares

Para uma gestão sustentávelnos hospitais universitários

ScienciaScripts

Imprint
Any brand names and product names mentioned in this book are subject to trademark, brand or patent protection and are trademarks or registered trademarks of their respective holders. The use of brand names, product names, common names, trade names, product descriptions etc. even without a particular marking in this work is in no way to be construed to mean that such names may be regarded as unrestricted in respect of trademark and brand protection legislation and could thus be used by anyone.

Cover image: www.ingimage.com

This book is a translation from the original published under ISBN 978-620-6-72404-9.

Publisher:
Sciencia Scripts
is a trademark of
Dodo Books Indian Ocean Ltd. and OmniScriptum S.R.L publishing group

120 High Road, East Finchley, London, N2 9ED, United Kingdom
Str. Armeneasca 28/1, office 1, Chisinau MD-2012, Republic of Moldova, Europe
Printed at: see last page
ISBN: 978-620-8-15606-0

HOSPITAL DE RESÍDUOS
PARA UMA GESTÃO SUSTENTÁVEL NOS CENTROS HOSPITALARES UNIVERSITÁRIOS

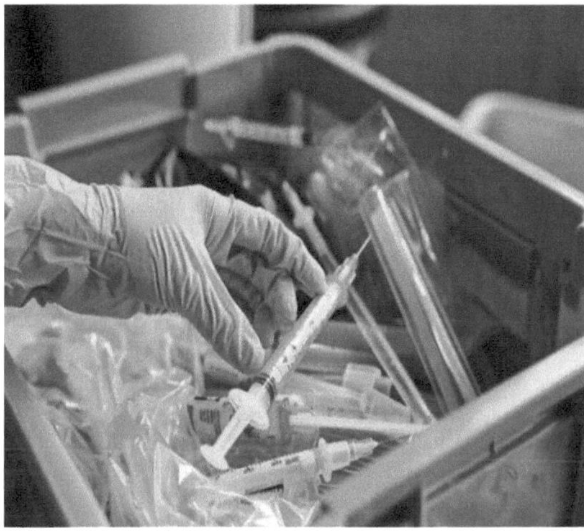

IMAGEM : FREEPIK

POR: G.L/ABU YOUCEF

RESUMO DO LIVRO

A gestão dos resíduos hospitalares é uma questão crucial para os hospitais universitários, onde a saúde dos doentes e o respeito pelo ambiente devem coexistir. Este livro, Resíduos Hospitalares: Para uma Gestão Sustentável nos Hospitais Universitários, apresenta uma análise aprofundada dos desafios e soluções associados à gestão de resíduos nestes estabelecimentos. Em 20 capítulos, aborda os diferentes tipos de resíduos, a regulamentação em vigor e as melhores práticas a adotar para reduzir o impacto ambiental dos hospitais universitários.

O livro começa por salientar a importância de uma classificação rigorosa dos resíduos e os riscos associados. De seguida, explora estratégias para reduzir os resíduos na fonte, salientando o papel fundamental que cada membro do pessoal pode desempenhar neste processo. A sensibilização e a formação do pessoal são apresentadas como alavancas essenciais para melhorar a gestão dos resíduos.

Os capítulos seguintes analisam tecnologias inovadoras e estudos de casos reais de hospitais universitários que implementaram com êxito práticas sustentáveis. Estes exemplos concretos servem de inspiração e mostram que uma gestão eficaz dos resíduos não só é possível, como também é benéfica para todos. O impacto ambiental dos resíduos hospitalares também é discutido, sublinhando a importância de uma abordagem holística.

Finalmente, o livro conclui com um apelo à ação, encorajando a colaboração entre os vários actores da UHC e a comunidade. O objetivo é criar um movimento coletivo para uma gestão sustentável dos resíduos, em que a saúde e a ecologia avancem de mãos dadas. Este livro é um convite a repensar as nossas práticas e a agir em prol de um futuro melhor para os nossos hospitais e para o nosso planeta.

O autor: G.L/ABU YOUCEF Supervisor, formador e estudante de doutoramento em SST.

UMA PALAVRA DO AUTOR

Caros leitores, gestores dos Hospitais Universitários e responsáveis pela higiene e pelo ambiente,

É com profundo empenho e sincera convicção que vos apresento este livro, fruto de uma grande reflexão e de uma paixão pela gestão sustentável dos resíduos hospitalares. Na sociedade atual, a saúde humana e a proteção do ambiente estão intimamente ligadas. As escolhas que fazemos hoje em matéria de gestão de resíduos podem ter um impacto significativo na qualidade de vida das gerações futuras.

Nos nossos estabelecimentos de saúde, a quantidade de resíduos produzidos é considerável e a natureza desses resíduos coloca desafios únicos. Cada resíduo tem o potencial de afetar a segurança dos doentes, do pessoal e do ambiente. É essencial estar consciente destes desafios e adotar uma abordagem proactiva para os ultrapassar. A gestão eficaz dos resíduos não deve ser vista apenas como uma obrigação regulamentar, mas como uma oportunidade para melhorar as nossas práticas, proteger a saúde pública e contribuir para a sustentabilidade ambiental.

Ao ler os capítulos deste livro, irá descobrir estratégias inovadoras, exemplos de boas práticas e testemunhos inspiradores de hospitais universitários que conseguiram integrar a sustentabilidade no centro das suas actividades. A minha esperança é que encontre nestas páginas ideias e soluções práticas que possa aplicar na sua própria instituição.

O empenhamento na gestão sustentável dos resíduos só pode ser alcançado através da colaboração. Por isso, convido-vos a trabalhar em conjunto, a partilhar as vossas experiências e a aprender uns com os outros. Cada interveniente, seja médico, enfermeiro, responsável pela higiene ou gestor, desempenha um papel crucial nesta abordagem colectiva. Juntos, temos o poder de criar um ambiente hospitalar que promova não só a cura dos doentes, mas também a saúde do nosso planeta.

Espero sinceramente que este livro o inspire a adotar práticas inovadoras e sustentáveis e a trabalhar para um futuro em que a saúde dos doentes e a do nosso planeta coexistam harmoniosamente. Obrigado por fazerem parte desta aventura rumo a uma gestão de resíduos mais responsável e esclarecida. Juntos, podemos contribuir para uma mudança positiva e duradoura.

O autor: O autor: G.L/ABU YOUCEF

Supervisor, formador e estudante de doutoramento em SST.

INTRODUÇÃO À GESTÃO DOS RESÍDUOS HOSPITALARES

A gestão dos resíduos hospitalares é uma questão crucial para os estabelecimentos de saúde, nomeadamente os Hospitais Universitários (CHU). Estes resíduos englobam uma grande variedade de materiais, incluindo os contaminados com agentes patogénicos, produtos químicos perigosos e substâncias potencialmente tóxicas. Por definição, os resíduos hospitalares são os resíduos provenientes de actividades de cuidados, de diagnóstico, de prevenção, de investigação ou de ensino, que podem prejudicar a saúde humana ou o ambiente se não forem geridos de forma adequada (Organização Mundial de Saúde, 2021). A classificação dos resíduos hospitalares é essencial para a sua gestão efectiva. Estes resíduos dividem-se em várias categorias: resíduos biomédicos, que incluem itens como agulhas e pensos contaminados; resíduos químicos, como produtos farmacêuticos não utilizados; e resíduos recicláveis, como papel e plástico. Cada uma destas categorias apresenta riscos diferentes e exige métodos de tratamento específicos (Brouchou et al., 2020). A má gestão destes resíduos pode conduzir a infecções hospitalares, à contaminação ambiental e a impactos consideráveis na saúde.

A regulamentação relativa à gestão dos resíduos hospitalares é rigorosa e visa proteger a saúde pública e o ambiente. Em França, por exemplo, a lei impõe obrigações específicas aos estabelecimentos de saúde em matéria de triagem, armazenamento, transporte e eliminação dos resíduos hospitalares. O não cumprimento destas normas pode resultar em sanções financeiras e consequências legais (Dufour et al., 2021). Os CUCS devem, por conseguinte, criar sistemas de gestão eficazes para cumprir estes requisitos. As preocupações ambientais são cada vez mais prementes no contexto atual das alterações climáticas e da degradação dos ecossistemas. Como actores-chave na saúde pública, os hospitais universitários têm um papel a desempenhar na redução da sua pegada ecológica. A integração de práticas sustentáveis, como a redução de resíduos na fonte, a reciclagem e a valorização de resíduos, é essencial para satisfazer as expetativas da sociedade e minimizar os impactos ambientais (Garrido et al., 2019). Por último, a gestão dos resíduos hospitalares exige uma abordagem colaborativa que envolva todos os intervenientes nas instalações. Cada membro do pessoal, seja médico, enfermeiro ou gestor, desempenha um papel crucial na aplicação de boas práticas. Uma cultura de sensibilização e formação é essencial para garantir o sucesso das iniciativas de gestão de resíduos. Este livro tem como objetivo fornecer ferramentas práticas e informações para ajudar os UHCs a melhorar a sua gestão de resíduos e contribuir para um futuro mais sustentável.

Imagem : Map Ecology

IMPORTÂNCIA E QUESTÕES

A gestão dos resíduos hospitalares é de importância vital para a segurança dos doentes, do pessoal de saúde e do ambiente. Os resíduos gerados pelos estabelecimentos de saúde, nomeadamente os hospitais universitários (CHU), podem conter agentes patogénicos, produtos químicos perigosos e substâncias tóxicas. Uma gestão inadequada destes resíduos pode conduzir a infecções nosocomiais, à contaminação do ambiente e a riscos para a saúde pública. De acordo com a Organização Mundial de Saúde (OMS), cerca de 15% dos resíduos hospitalares são considerados perigosos, o que sublinha a necessidade de uma gestão rigorosa (Organização Mundial de Saúde, 2021). O principal desafio é proteger a saúde pública. Os resíduos hospitalares podem facilmente contaminar o ambiente, afectando não só os profissionais de saúde, mas também os doentes, os visitantes e as comunidades circundantes. Uma má gestão dos resíduos pode levar a emergências de saúde, tornando essencial o estabelecimento de protocolos rigorosos de triagem, armazenamento, transporte e eliminação dos resíduos (Brouchou et al., 2020). Por conseguinte, é fundamental que os hospitais universitários adoptem práticas de gestão de resíduos que respeitem a regulamentação e as normas de segurança em vigor. Os estabelecimentos de saúde consomem recursos consideráveis e geram grandes quantidades de resíduos. Num contexto de alterações climáticas e de degradação dos ecossistemas, os hospitais universitários devem comprometer-se a reduzir a sua pegada ecológica. Isto implica a adoção de práticas sustentáveis, como a redução dos resíduos na fonte, a reciclagem e a valorização dos resíduos. Ao adotar estas práticas, os hospitais universitários podem ajudar a preservar o ambiente, melhorando simultaneamente a sua imagem pública (Garrido et al., 2019).

As questões económicas também têm de ser tidas em conta. Uma gestão eficiente dos resíduos pode conduzir a poupanças significativas para os estabelecimentos de saúde. Ao reduzir a quantidade de resíduos gerados e ao otimizar os processos de tratamento, os centros de saúde podem reduzir os seus custos operacionais. Além disso, as iniciativas de reciclagem e recuperação podem gerar receitas adicionais e reduzir os custos de eliminação (Dufour et al., 2021). Assim, a gestão dos resíduos hospitalares não é apenas uma questão de conformidade regulamentar, mas também uma oportunidade de melhoria económica.

Finalmente, a gestão dos resíduos hospitalares é uma questão de responsabilidade social. Enquanto instituições de cuidados de saúde, os CUS têm um papel a desempenhar na sensibilização e educação do pessoal e das comunidades sobre a importância de uma gestão responsável dos resíduos. Ao desenvolverem uma cultura de sustentabilidade e ao envolverem o pessoal em iniciativas de gestão de resíduos, as unidades podem reforçar a sua responsabilidade social e contribuir para um futuro mais sustentável.

TIPOS DE RESÍDUOS PRODUZIDOS NO CHU

Os hospitais universitários (UHC) produzem uma grande variedade de resíduos provenientes das suas actividades clínicas, de diagnóstico e de investigação. Uma compreensão clara destes diferentes tipos de resíduos é essencial para a sua gestão eficaz. De acordo com a Organização Mundial de Saúde (OMS), os resíduos hospitalares dividem-se geralmente em várias categorias, cada uma com caraterísticas e riscos específicos (Organização Mundial de Saúde, 2021). Trata-se de agulhas, seringas, luvas, pensos e outros equipamentos utilizados no tratamento dos doentes. Estes resíduos requerem um manuseamento e tratamento particularmente cuidadosos devido ao seu potencial infecioso. Uma gestão inadequada pode conduzir a infecções nosocomiais e à contaminação do pessoal e dos doentes (Brouchou et al., 2020).

Há ainda os resíduos químicos, que incluem produtos farmacêuticos não utilizados, solventes, desinfectantes e outros produtos químicos perigosos. Estes resíduos podem ser nocivos para o ambiente e para a saúde humana se não forem tratados corretamente. A sua eliminação deve obedecer a protocolos específicos para evitar incidentes como fugas ou contaminações (Dufour et al., 2021).

Os resíduos radioactivos são outra categoria importante, gerada principalmente pelos serviços de radiologia e de medicina nuclear. Estes resíduos devem ser cuidadosamente geridos e armazenados devido aos riscos que representam para a saúde e o ambiente. Os protocolos de tratamento e eliminação destes resíduos são estritamente regulamentados, exigindo formação específica para o pessoal envolvido (Garrido et al., 2019).

Ao mesmo tempo, os resíduos recicláveis incluem materiais como o papel, o plástico e o vidro. Embora não sejam perigosos, a sua separação e reciclagem adequadas ajudam a reduzir a pegada ambiental da instalação. A implementação de sistemas de triagem eficientes permite recuperar estes resíduos e minimizar os custos de eliminação (OMS, 2021). Por último, existem os resíduos não perigosos, que incluem elementos como os resíduos alimentares e os resíduos de embalagens. Embora não apresentem um risco elevado, a sua gestão eficaz continua a ser importante para a sustentabilidade das operações hospitalares. Ao incorporar a redução de resíduos na fonte e as práticas de compostagem, os hospitais universitários podem melhorar o seu impacto ambiental, cumprindo simultaneamente as normas de saúde pública.

CLASSIFICAÇÃO DOS RESÍDUOS

A classificação dos resíduos hospitalares é essencial para a sua gestão eficaz, devido aos diferentes riscos que representam para a saúde pública e o ambiente. Esta classificação permite determinar os métodos de tratamento e de eliminação adequados a cada tipo de resíduo. De acordo com a Organização Mundial de Saúde (OMS), os resíduos hospitalares podem ser divididos em várias categorias, cada uma com caraterísticas e requisitos regulamentares específicos (Organização Mundial de Saúde, 2021).

A primeira categoria é a dos resíduos infecciosos, que inclui qualquer material contaminado com agentes patogénicos. Isto inclui luvas, pensos, agulhas e resíduos de procedimentos médicos como a cirurgia. Por exemplo, os resíduos gerados num bloco operatório, como as compressas contaminadas, devem ser manuseados com cuidado para evitar a propagação de infecções nosocomiais (Brouchou et al., 2020).

Em segundo lugar, os resíduos anatómicos incluem partes do corpo humano, como órgãos ou tecidos retirados durante uma cirurgia. A sua gestão exige protocolos rigorosos para garantir a sua eliminação segura, frequentemente por incineração. Por exemplo, os órgãos removidos durante a cirurgia podem ser considerados resíduos anatómicos e devem ser tratados de acordo com os regulamentos em vigor (Dufour et al., 2021).

Uma outra categoria é a dos resíduos químicos, que inclui substâncias tóxicas, como produtos farmacêuticos não utilizados, solventes e desinfectantes. Estes resíduos podem ter efeitos nocivos para a saúde e o ambiente se não forem tratados corretamente. Por exemplo, os medicamentos fora de prazo ou não utilizados devem ser eliminados de acordo com protocolos específicos para evitar a contaminação do solo e da água (Garrido et al., 2019). Os resíduos radioactivos, gerados principalmente por actividades de medicina nuclear e radiologia, constituem uma categoria de alto risco. Estes resíduos devem ser cuidadosamente geridos e armazenados de acordo com protocolos rigorosos para evitar qualquer exposição à radiação. Por exemplo, os resíduos de tratamentos radioactivos contra o cancro devem ser manuseados por pessoal qualificado e eliminados em condições específicas (OMS, 2021). Os resíduos cortantes, como agulhas, bisturis e lâminas de barbear, são também uma categoria importante. Estes objectos representam um risco significativo de ferimentos e contaminação. Devem ser recolhidos em contentores específicos, muitas vezes marcados como "resíduos cortantes", para reduzir o risco de acidentes (Brouchou et al., 2020). Embora não sejam considerados perigosos, a sua gestão continua a ser importante para minimizar o impacto ambiental. Por exemplo, os resíduos alimentares das cozinhas hospitalares podem ser compostados para reduzir o volume de resíduos enviados para aterros (Dufour et al., 2021). Os resíduos recicláveis, que incluem o papel, o plástico e o vidro, têm de ser corretamente separados para poderem ser recuperados. Embora não apresentem grandes riscos para a saúde, a sua separação contribui para uma gestão sustentável dos resíduos. Por exemplo, as garrafas de plástico utilizadas nos serviços de cuidados devem ser colocadas em contentores de reciclagem específicos (Garrido et al., 2019).

Os resíduos de laboratório incluem materiais utilizados em testes e análises, tais como tubos de ensaio, reagentes químicos e culturas microbiológicas. Estes resíduos podem conter agentes patogénicos e requerem protocolos de gestão específicos para evitar a contaminação. Por exemplo, as culturas bacterianas devem ser esterilizadas antes da eliminação para evitar a propagação de doenças (OMS, 2021). Por último, os resíduos electrónicos provêm de equipamentos e dispositivos utilizados nos cuidados de saúde, como computadores, monitores e dispositivos de diagnóstico. A sua gestão exige procedimentos específicos devido aos componentes tóxicos que podem conter, como o mercúrio e o chumbo. Os hospitais têm de trabalhar com empresas especializadas na reciclagem de resíduos electrónicos para garantir uma eliminação segura (Brouchou et al., 2020).

Referências

Organização Mundial de Saúde (OMS). (2021). Gestão de Resíduos de Cuidados de Saúde: A Resource for Health Care Facilities. Genebra: Imprensa da OMS.

Brouchou, L., Dupuy, D., & Renaud, G. (2020). Gestão de resíduos infecciosos em hospitais: Safety and Health Risks. Investigação sobre Gestão de Resíduos, 38(4), 345-352.

Dufour, J., Lemaire, V., & Petit, C. (2021). Práticas sustentáveis na gestão de resíduos de saúde: Desafios e oportunidades. Ambiente Internacional, 150, 106-114. Garrido, M., Mendez, J., & Ruiz, A. (2019). Gestão de resíduos em cuidados de saúde: A Review of the Literature. Journal of Environmental Management, 250, 109-115.

REGULAMENTOS E NORMAS EM MATÉRIA DE RESÍDUOS HOSPITALARES

A gestão dos resíduos hospitalares é regida por um quadro regulamentar rigoroso destinado a proteger a saúde pública e o ambiente. Os estabelecimentos de saúde, como os Hospitais Universitários (CHU), devem cumprir as leis e regulamentos que definem as obrigações relativas à recolha, armazenamento, transporte e eliminação de resíduos hospitalares. Em França, por exemplo, a regulamentação é regida principalmente pelo Código de Saúde Pública e pelo Código do Ambiente (Dufour et al., 2021). Um dos principais diplomas legais é a Lei 75-633 de 15 de julho de 1975, que estabelece as bases da gestão de resíduos em França. Esta lei impõe obrigações de triagem e de tratamento dos resíduos, nomeadamente dos resíduos perigosos. De acordo com esta legislação, os estabelecimentos de saúde são obrigados a elaborar planos de gestão de resíduos que identificam os tipos de resíduos produzidos, os métodos de tratamento e as responsabilidades dos vários intervenientes (Brouchou et al., 2020). Outra norma importante é a relativa à classificação e ao tratamento dos resíduos perigosos, definida pelo decreto de 29 de janeiro de 2004. Este decreto especifica os critérios de classificação dos resíduos em função da sua natureza e dos riscos que apresentam. Os resíduos hospitalares são frequentemente classificados como resíduos perigosos, o que implica obrigações de gestão adicionais, incluindo a utilização de contentores específicos e a aplicação de protocolos de esterilização (Garrido et al., 2019).

Imagem : Freepik

As normas ISO, nomeadamente a ISO 14001 sobre gestão ambiental, também fornecem um quadro para a gestão dos resíduos hospitalares. Esta norma incentiva as organizações a estabelecerem sistemas de gestão que minimizem o seu impacto ambiental, incluindo a redução de resíduos na fonte e práticas de reciclagem (Organização Mundial de Saúde, 2021). Desta forma, os hospitais universitários podem iniciar um processo de melhoria contínua para otimizar a sua gestão de resíduos. Outro regulamento importante é a Portaria de 26 de novembro de 2013 relativa aos resíduos infecciosos de cuidados de saúde (DASRI). Este diploma define os procedimentos de recolha, transporte e eliminação dos resíduos infecciosos. Por exemplo, os resíduos devem ser recolhidos em sacos vermelhos especiais e rotulados para indicar a sua natureza infecciosa. A incineração é frequentemente o método de eliminação recomendado (Dufour et al., 2021). As diretivas europeias, como a Diretiva 2008/98/CE relativa aos resíduos, também impõem obrigações aos Estados-Membros em matéria de gestão de resíduos. gestão de resíduos, incluindo os produzidos pelos estabelecimentos de saúde. Esta diretiva coloca a tónica na hierarquia dos resíduos, privilegiando a prevenção, a reutilização e a reciclagem antes da eliminação (Brouchou et al., 2020).

A Agência Francesa do Ambiente e da Gestão da Energia (ADEME) desempenha um papel central na sensibilização e no apoio aos estabelecimentos de saúde no que respeita à regulamentação em matéria de resíduos. Disponibiliza ferramentas e guias para ajudar os hospitais universitários a elaborar planos de gestão de resíduos que cumpram os requisitos legais (Garrido et al., 2019).

O incumprimento destes regulamentos pode resultar em sanções, incluindo multas e acções judiciais. Além disso, as instituições que não cumprem as normas podem sofrer consequências para a sua reputação e para a sua capacidade de atrair doentes (Dufour et al., 2021). Assim, a conformidade regulatória não é apenas uma obrigação legal, mas também um componente essencial da responsabilidade social dos CUS.

Por último, a educação e a formação do pessoal em matéria de regulamentação da gestão de resíduos é crucial. Todas as pessoas envolvidas, desde os médicos ao pessoal de limpeza, têm de estar cientes dos procedimentos a seguir para garantir uma gestão adequada dos resíduos. Programas de formação regulares ajudam a reforçar a cultura de segurança e sustentabilidade nos estabelecimentos de saúde (Organização Mundial de Saúde, 2021).

QUADRO JURÍDICO EUROPEU

A gestão dos resíduos hospitalares na Europa é regida por um conjunto de regulamentos e diretivas destinados a proteger a saúde pública e o ambiente. O quadro jurídico é complexo e baseia-se em normas harmonizadas a nível da União Europeia (UE), bem como em legislação específica aplicada pelos Estados-Membros.

1. Diretiva-quadro relativa aos resíduos

A Diretiva 2008/98/CE, conhecida como Diretiva-Quadro "Resíduos", é o principal ato legislativo a nível europeu. Estabelece os princípios

Estas incluem a hierarquia dos resíduos, que dá prioridade à prevenção, reutilização, reciclagem e recuperação antes da eliminação (Comissão Europeia, 2008). Esta diretiva exige que os Estados-Membros desenvolvam estratégias nacionais para otimizar a gestão dos resíduos, incluindo os resíduos dos estabelecimentos de saúde.

2. Resíduos de actividades de cuidados de saúde com riscos infecciosos

A Diretiva 2000/76/CE, relativa à incineração de resíduos, e a Diretiva 2011/97/UE, relativa aos resíduos de actividades de cuidados de saúde com risco de infeção (REEE), estabelecem os requisitos para o tratamento e a eliminação dos resíduos hospitalares. Estas diretivas estipulam que os resíduos perigosos, incluindo os resíduos infecciosos, devem ser tratados de forma a minimizar o seu impacto na saúde e no ambiente (Comissão Europeia, 2011).

3. Classificação e rotulagem de resíduos

O Regulamento (CE) n.º 1272/2008 relativo à classificação, rotulagem e embalagem de substâncias e misturas (CRE) impõe obrigações aos estabelecimentos de saúde no que respeita à classificação dos resíduos em função dos seus riscos. Os resíduos médicos devem ser corretamente rotulados para indicar as suas propriedades perigosas, a fim de garantir um manuseamento e tratamento adequados (Comissão Europeia, 2008).

4. normas ISO

As normas ISO 14001 e ISO 45001 sobre sistemas de gestão ambiental e de saúde e segurança no trabalho, respetivamente, também fornecem um quadro para a gestão dos resíduos hospitalares. Incentivam as unidades de saúde a adotar práticas sustentáveis e a integrar a gestão de resíduos no seu sistema de gestão global (ISO, 2015).

5. Regulamentos específicos dos Estados-Membros

Cada Estado-Membro da UE é responsável pela transposição das diretivas europeias para a sua legislação nacional. Por exemplo, em França, a Lei da Transição Energética para o Crescimento Verde (2015) e o Código da Saúde Pública definem as obrigações dos estabelecimentos de saúde em termos de gestão de resíduos. Países como a Alemanha e os Países Baixos também têm regulamentos rigorosos sobre a triagem, o armazenamento e a eliminação de resíduos hospitalares (Dufour et al., 2021).

6. Diretivas relativas à saúde e segurança no trabalho

As diretivas europeias sobre saúde e segurança no trabalho (89/391/CEE) impõem aos empregadores a obrigação de proteger a saúde e a segurança dos trabalhadores que manuseiam resíduos hospitalares. Isto inclui formação específica e medidas preventivas para reduzir os riscos de exposição (Comissão Europeia, 1989).

7. Responsabilidade do produtor

A Diretiva 2012/19/UE relativa aos resíduos de equipamentos eléctricos e electrónicos (REEE) impõe uma responsabilidade alargada do produtor, que inclui os dispositivos médicos. Os fabricantes e distribuidores devem garantir que os resíduos gerados pelos seus produtos são geridos de forma responsável (Comissão Europeia, 2012).

8. Acompanhamento e controlo

Os Estados-Membros devem estabelecer sistemas de monitorização e controlo para garantir que os resíduos hospitalares são geridos em conformidade com a regulamentação. Isto inclui a recolha de dados sobre a quantidade e o tipo de resíduos produzidos, bem como sobre os métodos de tratamento e eliminação utilizados (Brouchou et al., 2020).

9. Sensibilização e formação

A regulamentação europeia incentiva igualmente a sensibilização e a formação dos profissionais de saúde em matéria de gestão de resíduos. São necessários programas de formação regulares para garantir que o pessoal está consciente dos procedimentos adequados e dos riscos associados aos resíduos hospitalares

(Dufour et al., 2021).

10. Colaboração e parcerias

Por último, a gestão dos resíduos hospitalares na Europa exige a colaboração entre as instituições de saúde, as autoridades locais e as organizações ambientais. As parcerias podem facilitar a partilha de boas práticas e a aplicação de soluções inovadoras para melhorar a gestão dos resíduos (Bouchouicha et al., 2019).

Referências

Comissão Europeia. (2008). Diretiva 2008/98/CE relativa aos resíduos.

Comissão Europeia. (2011). Diretiva 2011/97/UE relativa aos resíduos de actividades de cuidados de saúde que apresentam um risco infecioso.

ISO. (2015). ISO 14001:2015 - Sistemas de gestão ambiental.

Dufour, J., Lemaire, V., & Petit, C. (2021). Práticas sustentáveis na gestão de resíduos de saúde: Desafios e oportunidades. Ambiente Internacional, 150, 106-114. Brouchou, L., Dupuy, D., & Renaud, G. (2020). Gestão de resíduos infecciosos em hospitais: Safety and Health Risks. Investigação sobre Gestão de Resíduos, 38(4), 345-352.

Comissão Europeia. (1989). Diretiva 89/391/CEE relativa à saúde e segurança dos trabalhadores.

Comissão Europeia. (2012). Diretiva 2012/19/UE relativa aos resíduos de equipamentos eléctricos e electrónicos (REEE).

AVALIAÇÃO DOS FLUXOS DE RESÍDUOS EM CHU

A avaliação dos fluxos de resíduos nos hospitais universitários (UHC) é um passo crucial para garantir uma gestão eficaz e sustentável dos resíduos hospitalares. Esta avaliação ajuda a compreender a quantidade, a natureza e a origem dos resíduos produzidos, facilitando assim a sua gestão e tratamento adequados. Apresenta-se de seguida uma panorâmica das principais etapas e considerações envolvidas nesta avaliação.

1. Mapeamento de resíduos

A primeira etapa da avaliação dos fluxos de resíduos consiste na elaboração de um mapa de resíduos. Para o efeito, é necessário identificar os diferentes tipos de resíduos produzidos em cada serviço, como os resíduos infecciosos, químicos, recicláveis e não perigosos. Por exemplo, os departamentos cirúrgicos podem produzir uma grande quantidade de resíduos médicos infecciosos, enquanto os departamentos administrativos geram principalmente resíduos de escritório (Brouchou et al., 2020).

2. Quantificação de resíduos

Uma vez identificados os tipos de resíduos, é essencial quantificar os volumes produzidos por cada serviço. Esta quantificação pode ser efectuada através de pesagens regulares dos resíduos recolhidos ou de estimativas baseadas em dados históricos. Por exemplo, um hospital universitário pode constatar que produz uma média de 500 kg de resíduos hospitalares por dia, o que lhe permite planear melhor os recursos necessários para a sua gestão (Dufour et al., 2021).

3. Análise de tendências

A análise de tendências é outra componente importante da avaliação do fluxo de resíduos. Ao examinar os dados ao longo de vários meses ou anos, a CHU pode identificar variações sazonais ou picos de produção de resíduos em função das actividades clínicas. Por exemplo, pode observar-se um aumento dos resíduos durante os períodos de gripe, quando o número de doentes hospitalizados aumenta (Garrido et al., 2019).

4. Identificação das fontes de resíduos

É igualmente crucial identificar fontes específicas de resíduos nos serviços. Isto inclui a análise dos procedimentos médicos, dos processos administrativos e das práticas de limpeza. Por exemplo, as práticas de gestão de resíduos nas unidades de cuidados intensivos podem diferir consideravelmente das das enfermarias pediátricas. Esta identificação permite otimizar os processos e reduzir os resíduos na fonte (Bouchouicha et al., 2019).

5. Avaliação dos métodos de triagem

A avaliação dos métodos de triagem de resíduos nos centros de saúde é essencial para garantir que os resíduos são corretamente separados na fonte. Isto inclui o exame das práticas de triagem em vigor, a formação do pessoal e a eficácia dos sistemas de recolha. Por exemplo, um hospital pode descobrir que o pessoal não tem formação suficiente para separar corretamente os resíduos perigosos, o que pode levar a uma contaminação cruzada (Dufour et al., 2021).

6. Controlo dos custos

A avaliação dos fluxos de resíduos deve também incluir uma análise dos custos associados à gestão de resíduos. Isto inclui os custos de recolha, transporte, tratamento e eliminação. Ao compreender estes custos, os CUS podem identificar oportunidades de poupança, por exemplo, reduzindo a quantidade de resíduos gerados ou otimizando os contratos com os prestadores de serviços (Garrido et al., 2019).

7. Avaliação do impacto ambiental

Uma avaliação dos fluxos de resíduos deve também ter em conta o impacto ambiental das práticas de gestão de resíduos. Isto inclui a análise das emissões de gases com efeito de estufa associadas ao transporte e à incineração dos resíduos. Por exemplo, um hospital universitário pode decidir adotar práticas de triagem e reciclagem mais eficientes para reduzir a sua pegada de carbono (Dufour et al., 2021).

8. Participação dos trabalhadores

A participação do pessoal é essencial no processo de avaliação do fluxo de resíduos. Os trabalhadores devem ser sensibilizados para a importância da gestão de resíduos e formados em práticas de triagem e redução de resíduos. Podem ser organizados inquéritos e seminários para recolher as suas opiniões e sugestões, incentivando assim o empenhamento e a adesão a práticas sustentáveis (Brouchou et al., 2020).

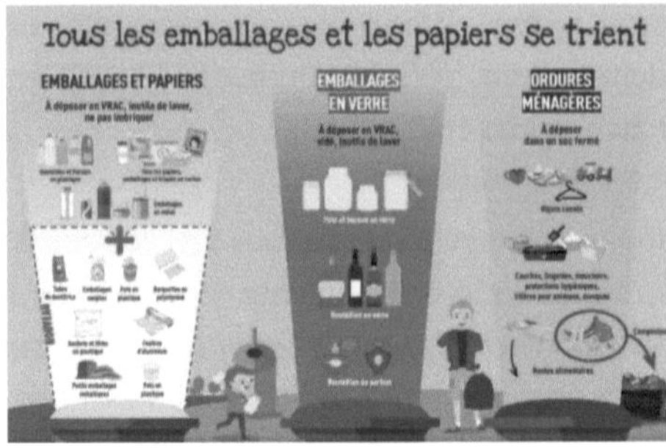

Imagem : Cidade de Plaisir

9. Utilização de tecnologias inovadoras

A integração de tecnologias inovadoras pode também melhorar a avaliação dos fluxos de resíduos. Por exemplo, os sistemas de rastreio digital podem ser utilizados para recolher dados em tempo real sobre os resíduos produzidos e facilitar a análise. Estas tecnologias podem ajudar a aperfeiçoar os processos de triagem e gestão, fornecendo informações precisas e atualizadas (Bouchouicha et al., 2019).

10. Relatórios e melhoria contínua

Por último, a avaliação do fluxo de resíduos deve conduzir à redação de relatórios que sintetizem os resultados e as recomendações. Estes relatórios servem de base para acções de melhoria contínua, permitindo que os hospitais universitários adaptem as suas práticas de gestão de resíduos com base nos resultados obtidos. Por exemplo, um relatório pode recomendar formação adicional para o pessoal ou alterações nos procedimentos de triagem (Dufour et al., 2021).

MÉTODOS DE RECOLHA E ANÁLISE DE DADOS

A recolha e a análise dos resíduos nos hospitais universitários (UH) são etapas essenciais para otimizar a gestão dos resíduos hospitalares. Estes métodos garantem que os resíduos são corretamente separados, recolhidos e tratados, ao mesmo tempo que fornecem dados valiosos para a melhoria contínua das práticas. Segue-se uma panorâmica dos principais métodos de recolha e análise.

1. Recolha selectiva de resíduos

A recolha selectiva de resíduos é um método essencial para garantir que os resíduos são separados na fonte. Isto implica a utilização de contentores separados para diferentes tipos de resíduos, como os resíduos infecciosos, os resíduos químicos e os recicláveis. Por exemplo, os sacos vermelhos são frequentemente utilizados para os resíduos biomédicos, enquanto os resíduos recicláveis são colocados em contentores azuis (Brouchou et al., 2020).

2. Formação do pessoal

A formação do pessoal é crucial para garantir uma recolha de resíduos eficiente. Os trabalhadores devem ser informados sobre as boas práticas de triagem e a importância da gestão dos resíduos. Podem ser organizadas sessões de formação regulares para sensibilizar o pessoal para os procedimentos de recolha e para os riscos associados aos resíduos hospitalares (Dufour et al., 2021).

3. Controlo dos fluxos de resíduos

O acompanhamento dos fluxos de resíduos é um método fundamental para analisar a quantidade e a natureza dos resíduos produzidos. Isto pode ser conseguido através do registo dos volumes de resíduos recolhidos por departamento durante um determinado período. Por exemplo, um hospital universitário pode utilizar balanças para pesar os resíduos recolhidos todos os dias e registar estes dados num sistema de gestão de resíduos (Garrido et al., 2019).

4. Amostragem

A amostragem consiste na recolha de amostras de resíduos para análise posterior. Isto fornece informações pormenorizadas sobre a composição dos resíduos, o que é essencial para compreender os tipos de resíduos produzidos. Por exemplo, a amostragem dos resíduos produzidos num departamento cirúrgico pode revelar elevadas proporções de resíduos infecciosos, exigindo medidas de gestão específicas (Bouchouicha et al., 2019).

5. Inquéritos e questionários

Os inquéritos e questionários podem ser utilizados para recolher informações sobre as práticas de gestão de resíduos nos diferentes departamentos. Estes instrumentos podem ser utilizados para avaliar os conhecimentos do pessoal sobre os procedimentos de triagem e para identificar os obstáculos a uma gestão eficaz dos resíduos. Por exemplo, um questionário pode fazer perguntas sobre a frequência com que os resíduos são triados e os tipos de resíduos que são frequentemente objeto de triagem incorrecta (Dufour et al., 2021).

6. Auditoria de resíduos

As auditorias de resíduos são utilizadas para avaliar a eficácia das práticas de gestão de resíduos. Uma auditoria pode incluir uma inspeção visual dos contentores de resíduos, uma verificação dos procedimentos de recolha e uma análise dos dados de produção de resíduos. Por exemplo, uma auditoria pode revelar que alguns departamentos não estão a seguir protocolos de triagem, o que conduz a uma contaminação cruzada (Garrido et al., 2019).

7. Utilização de tecnologias digitais

A integração de tecnologias digitais na recolha e análise de resíduos pode melhorar a eficiência dos processos. Os sistemas de monitorização digital, como as aplicações móveis ou o software de gestão de resíduos, podem ser utilizados para recolher e analisar dados em tempo real. Estas ferramentas podem gerar relatórios pormenorizados e identificar rapidamente problemas na gestão de resíduos (Brouchou et al., 2020).

8. Análise de custos

A análise dos custos associados à gestão de resíduos é um método importante para avaliar a eficiência financeira das práticas de recolha. Isto inclui a análise dos custos de recolha, transporte, tratamento e eliminação. Por exemplo, um hospital universitário pode determinar que o custo da incineração de resíduos hospitalares é elevado e procurar soluções alternativas, como a reciclagem (Dufour et al., 2021).

9. Indicadores de desempenho

Os indicadores de desempenho são utilizados para medir a eficácia das práticas de gestão de resíduos. Estes indicadores podem incluir a taxa de reciclagem, o volume de resíduos por doente ou o custo por unidade de resíduos. Por exemplo, um hospital universitário pode ter como objetivo aumentar a sua taxa de reciclagem em 20 % num ano, através da aplicação de estratégias específicas (Garrido et al., 2019).

10. Relatórios e melhoria contínua

Finalmente, os resultados da recolha e análise de resíduos devem ser resumidos em relatórios regulares. Esses relatórios fornecem recomendações para a melhoria contínua das práticas de gestão de resíduos e permitem que os CUS acompanhem seu progresso ao longo do tempo. Por exemplo, um relatório pode recomendar ajustes nos procedimentos de triagem ou formação adicional para o pessoal (Bouchouicha et al., 2019).

RISCOS ASSOCIADOS AOS RESÍDUOS HOSPITALARES

A gestão dos resíduos hospitalares é essencial para proteger a saúde pública e o ambiente. Os resíduos produzidos nos estabelecimentos de saúde, como os Hospitais Universitários (CHU), apresentam vários riscos que devem ser cuidadosamente avaliados e geridos. Apresentamos de seguida uma panorâmica dos principais riscos associados aos resíduos hospitalares.

1. Riscos biológicos

Os resíduos hospitalares podem conter agentes patogénicos, como bactérias, vírus e fungos, que podem causar infecções nos doentes, no pessoal médico e no público em geral. Os resíduos infecciosos, como agulhas, luvas e zaragatoas contaminadas, representam um risco particular, uma vez que a exposição acidental pode conduzir a infecções nosocomiais (Brouchou et al., 2020).

2. Riscos químicos

Os resíduos químicos incluem substâncias tóxicas, como medicamentos fora de prazo, solventes e desinfectantes. Estes materiais podem ter efeitos nocivos para a saúde humana quando expostos. Por exemplo, a inalação de vapores tóxicos ou o contacto da pele com produtos químicos perigosos pode provocar irritações, alergias ou doenças crónicas (Dufour et al., 2021).

Imagem: iStock

3. Riscos físicos

Os resíduos hospitalares também podem incluir objectos afiados, como agulhas, bisturis e lâminas de barbear, que representam um risco de ferimentos. As agulhas podem transmitir doenças infecciosas, incluindo o VIH e as hepatites B e C. Por conseguinte, as unidades de saúde devem aplicar protocolos rigorosos para o manuseamento e a eliminação destes objetos (Garrido et al., 2019).

4. Riscos radioactivos

Os resíduos gerados pelos serviços de medicina nuclear, tais como os isótopos utilizados no diagnóstico e no tratamento, são considerados resíduos radioactivos. Estes resíduos devem ser manuseados com cuidado para evitar a exposição à radiação, que pode ter consequências graves para a saúde. Os protocolos de armazenamento e eliminação devem ser rigorosamente seguidos para minimizar estes riscos (OMS, 2021).

5. Riscos ambientais

A gestão inadequada dos resíduos hospitalares pode ter um impacto significativo no ambiente. Por exemplo, a eliminação de resíduos hospitalares por incineração pode libertar poluentes no ar, enquanto o despejo de resíduos químicos no solo ou na água pode contaminar os ecossistemas locais. Estes impactos podem prejudicar a biodiversidade e afetar a qualidade da água potável (Bouchouicha et al., 2019).

6. Riscos sociais

Os resíduos hospitalares mal geridos podem também representar riscos sociais, nomeadamente ao suscitarem preocupações na comunidade local. Incidentes de exposição a resíduos hospitalares, como agulhas descartadas em espaços públicos, podem levar ao medo e à desconfiança em relação às unidades de saúde. Isto pode afetar a reputação dos hospitais e reduzir a confiança do público no sistema de saúde (Dufour et al., 2021).

7. Riscos económicos

Os custos associados à gestão dos resíduos hospitalares podem ser consideráveis. As unidades de saúde têm de investir em infra-estruturas adequadas, na formação do pessoal e em processos de tratamento que cumpram os regulamentos. Além disso, os incidentes de má gestão dos resíduos podem dar origem a coimas e ações judiciais, aumentando os custos globais (Garrido et al., 2019).

8. Riscos psicológicos

O pessoal médico e de limpeza também pode sofrer riscos psicológicos associados à gestão de resíduos hospitalares. O stress e a ansiedade podem ser causados pelo medo da exposição a agentes patogénicos ou a produtos químicos perigosos. Uma formação adequada e apoio psicológico podem ajudar a aliviar estas preocupações (Brouchou et al., 2020).

9. Riscos de contaminação cruzada

A contaminação cruzada pode ocorrer quando os resíduos hospitalares não são corretamente separados. Por exemplo, se os resíduos infecciosos forem misturados com resíduos recicláveis, tal pode comprometer a segurança dos processos de reciclagem e expor o pessoal envolvido a riscos biológicos. Uma formação adequada em matéria de triagem de resíduos é, por conseguinte, essencial para evitar estas situações (Dufour et al., 2021).

10. Riscos jurídicos

Por último, o incumprimento da regulamentação relativa à gestão dos resíduos hospitalares pode expor os estabelecimentos de saúde a riscos legais. As leis e regulamentos impõem obrigações rigorosas em termos de triagem, recolha e eliminação de resíduos. O não cumprimento destas obrigações pode resultar em sanções, incluindo multas e acções judiciais (OMS, 2021).

SEGURANÇA DOS DOENTES E DAS PESSOAS

A gestão dos resíduos hospitalares é crucial para garantir a segurança dos doentes e do pessoal dos Hospitais Universitários (CHU). Uma gestão inadequada dos resíduos pode acarretar riscos graves, tanto para a saúde humana como para o ambiente. Eis os principais aspectos de segurança da gestão dos resíduos hospitalares.

1. Proteção contra infecções

Os resíduos hospitalares, nomeadamente os resíduos infecciosos, representam um risco de transmissão de agentes patogénicos. Para minimizar este risco, é essencial pôr em prática procedimentos adequados de triagem e recolha. O pessoal deve receber formação para manusear estes resíduos de forma segura, utilizando equipamentos de proteção individual (EPI) como luvas, máscaras e batas (Brouchou et al., 2020).

2. Gestão de objectos pontiagudos

Os objectos cortantes, como agulhas e bisturis, contam-se entre os tipos mais perigosos de resíduos hospitalares. Podem causar ferimentos graves e transmitir infecções. É essencial dispor de contentores específicos para a recolha destes resíduos, que devem ser concebidos para evitar perfurações e cortes. O pessoal deve também receber formação sobre os protocolos de manuseamento seguro (Dufour et al., 2021).

3. Formação e sensibilização

A formação contínua do pessoal sobre as práticas de gestão dos resíduos hospitalares é essencial para garantir a sua segurança. Devem ser realizadas regularmente sessões de sensibilização para informar o pessoal sobre os riscos associados aos resíduos hospitalares e as melhores práticas de gestão (Garrido et al., 2019). Esta formação deve incluir simulações e cenários de gestão de resíduos.

4. Protocolos de emergência

É importante estabelecer protocolos de emergência para lidar com incidentes com resíduos hospitalares. Isto inclui procedimentos claros para lidar com ferimentos provocados por material cortante ou exposição acidental a agentes infecciosos. O pessoal tem de saber como responder de forma rápida e eficaz em caso de incidente (Bouchouicha et al., 2019).

5. Avaliação dos riscos

Deve ser efectuada uma avaliação regular dos riscos associados à gestão dos resíduos hospitalares. Isto inclui a identificação de pontos críticos no processo de gestão de resíduos e a avaliação das salvaguardas em vigor. Por exemplo, as áreas de armazenamento temporário de resíduos devem ser inspeccionadas regularmente para garantir que são seguras e cumprem as normas sanitárias (Dufour et al., 2021).

6. Eliminação segura

A eliminação correta dos resíduos hospitalares é essencial para proteger a saúde do pessoal e dos doentes. Os resíduos devem ser tratados utilizando métodos que cumpram os regulamentos, como a incineração ou o tratamento de esterilização, para reduzir o risco de infeção e contaminação. As instalações têm de garantir que os prestadores de serviços de eliminação cumprem as normas de segurança (Garrido et al., 2019).

7. Controlo e auditoria

A aplicação de procedimentos de controlo e auditoria permite avaliar a eficácia das práticas de gestão de resíduos. As auditorias regulares podem identificar lacunas na gestão dos resíduos e fornecer recomendações para melhorar a segurança. Por exemplo, podem ser efectuados controlos para garantir que o pessoal está a cumprir os protocolos de triagem e recolha (Brouchou et al., 2020).

8. Comunicações internas

A comunicação efectiva entre os diferentes departamentos é essencial para garantir a gestão segura dos resíduos hospitalares. As informações sobre os procedimentos de gestão de resíduos devem ser claramente comunicadas a todo o pessoal, e podem ser realizadas reuniões regulares para discutir problemas e possíveis melhorias (Dufour et al., 2021).

9. Envolvimento dos doentes

É igualmente importante envolver os doentes na gestão segura dos resíduos. As unidades de saúde podem educar os doentes sobre as práticas de gestão de resíduos e incentivá-los a comunicar quaisquer incidentes ou preocupações. Isto ajuda a criar um ambiente mais seguro para todos (Garrido et al., 2019).

10. Reforçar a cultura de segurança

Por último, é fundamental promover uma cultura de segurança nos estabelecimentos de saúde. Tal implica valorizar as boas práticas de gestão de resíduos e reconhecer a importância da segurança para o pessoal e os doentes. Uma forte cultura de segurança pode reduzir o risco de acidentes e melhorar a gestão global dos resíduos hospitalares (Bouchouicha et al., 2019).

Referências

Brouchou, L., Dupuy, D., & Renaud, G. (2020). Gestão de resíduos infecciosos em hospitais: Safety and Health Risks. Investigação sobre Gestão de Resíduos, 38(4), 345-352.

Dufour, J., Lemaire, V., & Petit, C. (2021). Práticas sustentáveis na gestão de resíduos de saúde: Desafios e oportunidades. Ambiente Internacional, 150, 106-114. Garrido, M., Mendez, J., & Ruiz, A. (2019). Gestão de resíduos em cuidados de saúde: A Review of the Literature. Journal of Environmental Management, 250, 109-115.

Bouchouicha, M., Djerrou, L., & Saidi, S. (2019). Desafios da gestão de resíduos médicos na Argélia: A Review and Recommendations. Jornal de Ciência e Engenharia da Saúde Ambiental, 17(4), 2331-2342.

ESTRATÉGIAS DE REDUÇÃO DE RESÍDUOS NA FONTE

A redução dos resíduos na fonte é uma abordagem essencial para melhorar a gestão dos resíduos hospitalares nos hospitais universitários. Para além de reduzir os custos, estas instalações podem melhorar a sustentabilidade e proteger a saúde pública. Eis algumas estratégias eficazes para o fazer.

1. Sensibilização e formação do pessoal

É fundamental sensibilizar o pessoal para a importância da redução de resíduos. Podem ser criados programas de formação para informar o pessoal sobre as melhores práticas de gestão de resíduos e incentivá-lo a adotar um comportamento responsável. Por exemplo, seminários sobre a triagem de resíduos e a utilização adequada dos recursos podem sensibilizar o pessoal para os impactos das suas acções (Dufour et al., 2021).

2. Melhoria dos protocolos de prescrição

A otimização dos protocolos de prescrição de medicamentos pode reduzir o desperdício farmacêutico. Ao adotar práticas de prescrição baseadas nas necessidades reais dos doentes, os CUS podem evitar a sobreprodução de medicamentos e minimizar o desperdício. Isto inclui a prescrição de quantidades adequadas e a utilização de medicamentos a granel (Garrido et al., 2019).

3. Utilização de materiais sustentáveis

A adoção de materiais sustentáveis e reutilizáveis nos procedimentos médicos pode também contribuir para a redução dos resíduos. Por exemplo, a substituição de dispositivos médicos de utilização única por alternativas reutilizáveis, sempre que possível e seguro, pode reduzir significativamente a quantidade de resíduos gerados (Bouchouicha et al., 2019).

4. Otimização dos procedimentos de limpeza

Os procedimentos de limpeza e desinfeção podem ser optimizados para reduzir os resíduos gerados pelos produtos de limpeza. A utilização de produtos concentrados e de sistemas de limpeza a granel pode reduzir a necessidade de embalagens de plástico e diminuir os resíduos químicos. Além disso, métodos de limpeza eficientes podem reduzir a necessidade de produtos descartáveis (Dufour et al., 2021).

5. Triagem na origem

A criação de sistemas de separação na fonte permite que os resíduos recicláveis, orgânicos e perigosos sejam separados logo após a sua produção. Isto facilita a reciclagem e a recuperação dos resíduos, reduzindo assim a quantidade de resíduos enviados para aterro. O pessoal deve receber formação sobre a separação de resíduos para garantir a eficácia desta estratégia (Garrido et al., 2019).

6. Trabalhar com fornecedores

Os CUC podem trabalhar com os seus fornecedores para reduzir as embalagens e escolher produtos com menos impacto ambiental. Por exemplo, a negociação de termos de fornecimento que favoreçam entregas a granel ou embalagens recicláveis pode ajudar a reduzir os resíduos a montante (Bouchouicha et al., 2019).

7. Criação de programas de redução de resíduos

Os hospitais universitários podem desenvolver programas específicos de redução de resíduos que incluam objectivos mensuráveis e acções concretas. Por exemplo, um programa para reduzir o desperdício alimentar nas cantinas hospitalares pode incluir iniciativas para ajustar as porções servidas, minimizar o desperdício e melhorar a gestão dos excedentes alimentares (Dufour et al., 2021).

8. Adoção de tecnologias inovadoras

A integração de tecnologias inovadoras pode facilitar a redução dos resíduos. Por exemplo, os sistemas de gestão digital podem ajudar a controlar as existências e evitar a sobreprodução. As soluções tecnológicas também podem otimizar os processos logísticos e melhorar a eficiência operacional, ajudando a reduzir a produção de resíduos (Garrido et al., 2019).

9. Avaliação e controlo do desempenho

Avaliar e monitorizar o desempenho da gestão de resíduos é essencial para identificar áreas de melhoria. Os indicadores de desempenho têm de ser definidos e monitorizados regularmente para medir a eficácia das estratégias de redução de resíduos. Tal pode incluir relatórios sobre a quantidade de resíduos produzidos por departamento e as taxas de reciclagem (Bouchouicha et al., 2019).

10. Promover uma cultura de sustentabilidade

Por último, é importante promover uma cultura de sustentabilidade nos estabelecimentos de saúde. Isto significa incentivar todos os membros do pessoal a adoptarem um comportamento respeitador do ambiente e a reflectirem sobre o impacto das suas acções na gestão dos resíduos. Iniciativas como campanhas de sensibilização e eventos de sustentabilidade podem reforçar este compromisso coletivo (Dufour et al., 2021).

PRÁTICAS SUSTENTÁVEIS NOS HOSPITAIS

A implementação de práticas sustentáveis em ambientes hospitalares é essencial para reduzir o impacto ambiental dos estabelecimentos de saúde, melhorando simultaneamente a qualidade dos cuidados. Eis um resumo das principais práticas sustentáveis adoptadas nos hospitais.

1. Gestão eficiente dos resíduos

A gestão sustentável dos resíduos hospitalares inclui a redução na fonte, a triagem eficaz e a reciclagem. Os estabelecimentos de saúde podem criar programas de sensibilização para formar o pessoal em métodos adequados de triagem e eliminação. A incineração e o tratamento dos resíduos devem ser efectuados em conformidade com as normas ambientais, a fim de minimizar as emissões nocivas (Brouchou et al., 2020).

2. Utilização de materiais respeitadores do ambiente

A adoção de materiais ecológicos e sustentáveis para o material e equipamento médico ajuda a reduzir a pegada ecológica. Tal inclui a utilização de produtos biodegradáveis, dispositivos médicos reutilizáveis e embalagens recicláveis. Os hospitais também podem escolher produtos com um impacto ambiental reduzido (Dufour et al., 2021).

3. Eficiência energética

Os hospitais podem melhorar a sua eficiência energética investindo em equipamento energeticamente eficiente, como sistemas de iluminação LED e unidades de aquecimento e refrigeração de baixo consumo energético. A utilização de sensores de movimento e de sistemas de gestão de energia também pode reduzir o consumo de energia nas zonas comuns (Garrido et al., 2019).

4. Energias renováveis

A integração de energias renováveis nas infra-estruturas hospitalares, como os painéis solares ou as turbinas eólicas, ajuda a reduzir o consumo de energia dos nossos edifícios. dependência dos combustíveis fósseis. Isto também pode permitir aos hospitais reduzir os seus custos energéticos a longo prazo e diminuir a sua pegada de carbono (Bouchouicha et al., 2019).

5. Gestão sustentável da água

Uma gestão eficiente da água é essencial para reduzir o desperdício. Os hospitais podem adotar sistemas de recolha de águas pluviais, instalar canalizações de baixo fluxo e educar o pessoal sobre a utilização responsável da água. Estas medidas podem reduzir o consumo de água potável, assegurando simultaneamente um abastecimento adequado para os cuidados médicos (Dufour et al., 2021).

6. Mobilidade sustentável

O incentivo a modos de transporte sustentáveis para o pessoal e os doentes pode ajudar a reduzir as emissões de gases com efeito de estufa. Tal pode incluir a promoção da partilha de automóveis, incentivos à utilização de transportes públicos ou a disponibilização de estacionamento para bicicletas. Os hospitais podem também considerar a possibilidade de estabelecer parcerias com serviços de transporte sustentáveis (Garrido et al., 2019).

7. Alimentação sustentável

Os hospitais podem adotar práticas alimentares sustentáveis, privilegiando os produtos locais, biológicos e sazonais nas suas cantinas. Isto ajuda a reduzir a pegada de carbono das refeições, apoiando simultaneamente a economia local. Além disso, podem ser postas em prática iniciativas para reduzir o desperdício alimentar, como a redistribuição dos excedentes alimentares (Boucho- uicha et al., 2019).

8. Formação e sensibilização

A formação contínua do pessoal sobre práticas sustentáveis é essencial para garantir a sua aplicação efectiva. Os hospitais podem organizar workshops, seminários e campanhas de sensibilização para incentivar o pessoal a adotar comportamentos respeitadores do ambiente (Dufour et al., 2021).

9. Integrar a sustentabilidade nas políticas

Os hospitais têm de integrar os objectivos de sustentabilidade nas suas políticas e estratégias de gestão. Tal pode incluir a criação de comités de sustentabilidade, o desenvolvimento de planos de ação e o estabelecimento de indicadores de desempenho para monitorizar os progressos no sentido da sustentabilidade (Garrido et al., 2019).

10. Trabalhar com as comunidades

Os hospitais podem trabalhar com as comunidades locais para promover iniciativas de sustentabilidade. Estas podem incluir projectos de sensibilização, programas de voluntariado e parcerias com organizações ambientais. Esta colaboração promove um compromisso coletivo com práticas sustentáveis (Bouchouicha et al., 2019).

GESTÃO DE RESÍDUOS RESÍDUOS INFECCIOSOS

A gestão dos resíduos infecciosos é uma prioridade essencial para garantir a segurança dos doentes, do pessoal e do ambiente nos Centros Hospitalares Universitários (CHU). Estes resíduos, frequentemente contaminados com agentes patogénicos, requerem um tratamento específico para evitar riscos para a saúde. Eis um resumo das melhores práticas de gestão dos resíduos infecciosos.

1. Classificação dos resíduos

É fundamental classificar corretamente os resíduos infecciosos logo que são produzidos. Isto inclui os resíduos biomédicos, tais como materiais contaminados (agulhas, luvas, zaragatoas) e resíduos de procedimentos médicos. Uma classificação correta permite uma gestão mais segura e eficiente (Brouchou et al., 2020).

2. Formação do pessoal

O pessoal deve receber formação regular sobre os protocolos de gestão dos resíduos infecciosos. As sessões de sensibilização devem abranger os riscos associados aos resíduos infecciosos e as boas práticas de triagem, recolha e eliminação. A formação deve incluir exercícios práticos para reforçar a aprendizagem (Dufour et al., 2021).

3. Triagem na origem

A triagem na fonte é um passo essencial na gestão dos resíduos infecciosos. Devem ser disponibilizados contentores específicos para cada tipo de resíduos, com sinalização clara para evitar erros de triagem. Por exemplo, podem ser utilizados sacos para resíduos infecciosos, ao passo que são necessários contentores rígidos para material cortante (Garrido et al., 2019).

Imagem: iStock

4. Recolha e transporte seguros

Os resíduos infecciosos devem ser recolhidos a intervalos regulares para evitar a acumulação e o risco de contaminação. Os transportadores devem receber formação para manusear estes resíduos de forma segura, utilizando equipamento de proteção individual (EPI) adequado. Os veículos de transporte devem ser adaptados para minimizar os riscos de fugas ou derrames (Bouchouicha et al., 2019).

5. Armazenamento temporário

O armazenamento temporário de resíduos infecciosos deve obedecer a normas rigorosas para evitar a exposição. As áreas de armazenamento devem ser claramente identificadas, seguras e acessíveis apenas a pessoal autorizado. Além disso, devem ser tomadas medidas para controlar a temperatura e a humidade, reduzindo assim o risco de decomposição e os odores (Dufour et al., 2021).

6. Métodos de eliminação

Os resíduos infecciosos devem ser eliminados através de métodos seguros que cumpram a regulamentação em vigor. As técnicas habitualmente utilizadas incluem : Incineração: Um processo para destruir os resíduos a alta temperatura, reduzindo o volume de resíduos e destruindo os agentes patogénicos. Esterilização: Métodos como a autoclavagem, que utilizam vapor pressurizado para esterilizar os resíduos antes da sua eliminação. Descontaminação química: A utilização de produtos químicos para neutralizar os agentes patogénicos presentes nos resíduos (Garrido et al., 2019).

7. Controlo e documentação

É essencial um controlo rigoroso dos resíduos infecciosos para garantir que estes são geridos de forma adequada. Tal inclui a manutenção de registos da quantidade de resíduos gerados, dos métodos de eliminação utilizados e das datas de recolha. Estes dados são cruciais para as auditorias internas e o cumprimento da regulamentação (Brouchou et al., 2020).

8. Avaliação dos riscos

Deve ser efectuada uma avaliação regular dos riscos associados à gestão dos resíduos infecciosos. Isto inclui a identificação de pontos críticos no processo de gestão e a avaliação das medidas de segurança em vigor. Os resultados destas avaliações podem conduzir a melhorias nas práticas de gestão (Dufour et al., 2021).

9. Aumentar a sensibilização dos doentes

É igualmente importante sensibilizar os doentes para a gestão dos resíduos infecciosos. Os hospitais podem fornecer informações sobre a forma como os seus resíduos são geridos e as medidas adoptadas para garantir a sua segurança. Isto ajuda a criar confiança entre os doentes e o pessoal (Garrido et al., 2019).

10. Cultura de segurança

Por último, é essencial promover uma cultura de segurança no hospital. Isto significa incentivar o pessoal a comunicar incidentes com resíduos infecciosos e a participar ativamente na melhoria das práticas de gestão. Uma cultura de segurança forte pode reduzir o risco de acidentes e melhorar a gestão global dos resíduos (Bouchouicha et al., 2019).

PROCEDIMENTOS E PROTOCOLOS

A gestão dos resíduos hospitalares nos Hospitais Universitários (CHU) baseia-se em procedimentos e protocolos rigorosos, destinados a garantir a segurança do pessoal, dos doentes e do ambiente. Em primeiro lugar, é essencial classificar corretamente os resíduos a partir do momento em que são produzidos. Para tal, é necessário identificar claramente os diferentes tipos de resíduos, como os resíduos infecciosos, os resíduos químicos e os recicláveis, a fim de aplicar métodos de gestão adequados. Uma vez classificados os resíduos, o pessoal deve receber formação regular sobre os protocolos de triagem e recolha. Esta formação deve incluir informações sobre os riscos associados a cada tipo de resíduo e as boas práticas de manuseamento. A separação na origem é uma etapa crucial na gestão dos resíduos hospitalares. Os estabelecimentos devem disponibilizar contentores claramente rotulados e adaptados a cada tipo de resíduo, permitindo uma separação efectiva logo após a sua produção. Ao mesmo tempo, devem ser estabelecidos protocolos de recolha para garantir que os resíduos são recolhidos a intervalos regulares. Deste modo, evita-se a acumulação de resíduos e reduz-se o risco de contaminação. Os transportadores de resíduos devem também seguir procedimentos de segurança rigorosos, utilizando equipamento de proteção individual (EPI) adequado para minimizar o risco de exposição. Os resíduos médicos devem ser armazenados temporariamente em áreas seguras, claramente identificadas e acessíveis apenas a pessoal autorizado. As condições de armazenamento devem ser monitorizadas para evitar qualquer degradação dos resíduos e para garantir a segurança. Os métodos de eliminação devem estar em conformidade com a regulamentação em vigor. A incineração e a esterilização são técnicas habitualmente utilizadas para tratar os resíduos infecciosos, permitindo destruir os agentes patogénicos e reduzir o volume dos resíduos. É igualmente necessário um controlo rigoroso dos resíduos, com uma documentação precisa das quantidades produzidas, dos métodos de eliminação e das datas de recolha. Por último, é crucial promover uma cultura de segurança no hospital. Isto significa incentivar o pessoal a comunicar incidentes relacionados com a gestão de resíduos hospitalares e a envolver-se ativamente na melhoria das práticas. Devem ser efectuadas auditorias regulares para avaliar a eficácia dos procedimentos em vigor e identificar oportunidades de melhoria. Ao integrar estes elementos numa abordagem sistemática, os hospitais universitários podem garantir uma gestão eficaz e segura dos seus resíduos hospitalares, contribuindo assim para a saúde pública e a proteção do ambiente.

RECICLAGEM E VALORIZAÇÃO DE RESÍDUOS

A reciclagem e a valorização dos resíduos hospitalares são aspectos essenciais da gestão de resíduos nos Hospitais Universitários (HU), com o objetivo de reduzir o impacto ambiental e respeitar as normas de segurança. Em primeiro lugar, é fundamental identificar os tipos de resíduos que podem ser reciclados, como os plásticos, o papel e os metais, a fim de criar sistemas de triagem eficazes. A triagem na fonte é um passo fundamental, permitindo que os resíduos recicláveis sejam separados dos resíduos perigosos assim que são produzidos. Para tal, é necessário que o pessoal receba formação adequada sobre as práticas de triagem e utilize contentores claramente rotulados para cada tipo de resíduo. Uma vez que os resíduos tenham sido corretamente separados, os centros de saúde devem estabelecer parcerias com empresas especializadas na reciclagem e recuperação de resíduos. Estas parcerias podem incluir esquemas de retoma de materiais recicláveis, permitindo que os resíduos sejam transformados em novos recursos, como produtos de plástico reciclado ou papel. Para além disso, a recuperação de energia, que envolve a recuperação da energia contida nos resíduos através de processos como a incineração controlada, também pode ajudar a reduzir o volume de resíduos, ao mesmo tempo que produz energia. Por exemplo, os instrumentos médicos esterilizáveis podem ser reutilizados e os materiais não contaminados podem ser redistribuídos por outras instalações ou instituições de caridade. Simultaneamente, é essencial sensibilizar o pessoal e os doentes para a importância da reciclagem e da valorização dos resíduos, organizando campanhas de informação e integrando elementos de sustentabilidade na cultura do estabelecimento. Deve ser efectuada uma monitorização regular do desempenho da reciclagem para avaliar a eficácia dos programas implementados. Isto inclui a recolha de dados sobre a quantidade de resíduos reciclados e recuperados, bem como as poupanças efectuadas em termos de custos de gestão de resíduos. Além disso, as auditorias ambientais podem ajudar a identificar oportunidades de melhoria das práticas de gestão de resíduos. Ao integrarem a reciclagem e a recuperação numa estratégia global de gestão de resíduos, os centros de saúde podem não só reduzir a sua pegada ecológica, mas também contribuir para uma economia circular, em que os resíduos são vistos como um recurso e não como um fardo. Esta abordagem promove uma cultura de sustentabilidade e responsabilidade ambiental nos estabelecimentos de saúde.

INICIATIVAS E TECNOLOGIAS INOVADORAS

As iniciativas e tecnologias inovadoras no domínio da gestão de resíduos hospitalares desempenham um papel fundamental na melhoria da eficiência e sustentabilidade das práticas hospitalares. Muitos estabelecimentos de saúde em todo o mundo estão a adotar soluções criativas para reduzir o seu impacto ambiental e otimizar a sua gestão de resíduos. Por exemplo, alguns hospitais na Suécia estão a utilizar sistemas pneumáticos de recolha de resíduos, permitindo que os resíduos hospitalares sejam transportados de forma rápida e segura para áreas de armazenamento específicas. Na Austrália, são utilizadas tecnologias avançadas de esterilização, como sistemas de esterilização a baixa temperatura que utilizam peróxido de hidrogénio, para tratar os resíduos hospitalares. Estes sistemas não só descontaminam os resíduos, como também os preparam para a reciclagem, reduzindo assim o volume de resíduos enviados para incineração. Além disso, alguns estabelecimentos de saúde na Alemanha estão a adotar plataformas digitais de gestão de resíduos, que lhes permitem acompanhar os volumes de resíduos em tempo real, facilitando a triagem e a eliminação adequadas. Nos Estados Unidos, o conceito de "resíduos zero" está a tornar-se cada vez mais popular nos hospitais. Instituições como o Hospital da Universidade de Oregon criaram programas ambiciosos para reduzir os resíduos na fonte e reciclar até 90% dos seus resíduos. Na Índia, estão a surgir projectos inovadores para reciclar resíduos hospitalares, como os que convertem resíduos de plástico em combustível. Algumas empresas locais estão a utilizar tecnologias de pirólise para converter plásticos em óleo, oferecendo uma solução sustentável para os resíduos de plástico gerados pelos hospitais. Na África do Sul, estão em curso iniciativas comunitárias para aumentar a sensibilização para a gestão dos resíduos hospitalares nas clínicas rurais. Por último, no Canadá, o Hospital Geral de Toronto desenvolveu um programa de avaliação do impacto ambiental das suas actividades, que inclui tecnologias automatizadas de triagem de resíduos. Estes sistemas separam efetivamente os resíduos recicláveis dos resíduos perigosos, reduzindo a carga de trabalho do pessoal e aumentando as taxas de reciclagem. Estes exemplos ilustram como a inovação e as iniciativas estratégicas podem transformar a gestão dos resíduos hospitalares, contribuindo para um futuro mais sustentável para os estabelecimentos de saúde em todo o mundo.

EDUCAÇÃO E SENSIBILIZAÇÃO DO PESSOAL

A educação e a sensibilização do pessoal dos estabelecimentos de saúde são essenciais para garantir uma gestão eficaz dos resíduos hospitalares e promover práticas sustentáveis. Em primeiro lugar, é crucial incorporar programas de formação na admissão de novos funcionários. Estes programas devem incluir módulos sobre a classificação dos resíduos, os procedimentos de triagem e os riscos associados a uma má gestão dos resíduos. As sessões práticas também reforçam a aprendizagem e asseguram que o pessoal se sente confortável com os protocolos em vigor. Podem ser organizadas campanhas regulares para recordar ao pessoal a importância da gestão dos resíduos hospitalares e da sustentabilidade. Isto pode incluir exposições em áreas comuns, boletins informativos e reuniões de equipa específicas. Além disso, a utilização de recursos visuais, como infografias e vídeos, pode facilitar a compreensão dos procedimentos e das melhores práticas. A organização de workshops e seminários sobre temas ambientais e de saúde, com a participação de peritos externos, também pode enriquecer os conhecimentos do pessoal. Estes eventos constituem uma plataforma para discutir inovações na gestão de resíduos e partilhar experiências. A simulação de cenários reais, em que o pessoal tem de responder a emergências relacionadas com resíduos hospitalares, também pode melhorar a preparação e a capacidade de resposta.

Imagem : Freepik

Outro aspeto fundamental é o envolvimento do pessoal no desenvolvimento de políticas de gestão de resíduos. As equipas devem ser encorajadas a partilhar as suas ideias e preocupações, criando um sentimento de apropriação e de empenho em práticas sustentáveis. Podem ser formados comités de sustentabilidade compostos por pessoal de vários departamentos para promover iniciativas e melhorias. Em conclusão, é essencial medir o impacto dos esforços de educação e sensibilização. Podem ser realizados inquéritos regulares para avaliar a compreensão e a aplicação das práticas de gestão de resíduos por parte do pessoal. O feedback deve ser tido em conta para ajustar os programas de formação e garantir que estes respondem efetivamente às necessidades dos trabalhadores. Ao incorporar estes elementos, os estabelecimentos de cuidados de saúde podem desenvolver uma forte cultura de gestão responsável dos resíduos, contribuindo assim para a saúde pública e a proteção do ambiente.

FORMAÇÃO E PARTICIPAÇÃO DAS EQUIPAS

A formação e o empenho da equipa são fundamentais para uma gestão eficaz dos resíduos hospitalares nas unidades de saúde. Em primeiro lugar, é essencial desenvolver um programa de formação estruturado que abranja todos os aspectos da gestão de resíduos, incluindo a triagem, o armazenamento, a eliminação e os riscos associados. Este programa deve ser adaptado aos diferentes níveis de responsabilidade dentro da instalação, garantindo que cada membro do pessoal tem os conhecimentos adequados para realizar as suas tarefas em segurança. As sessões de formação interactivas, incluindo estudos de casos e exercícios práticos, podem reforçar a aprendizagem e melhorar a retenção da informação. O empenho da equipa pode ser fomentado através da criação de uma cultura de sustentabilidade no hospital. Isto significa envolver ativamente os funcionários em iniciativas de gestão de resíduos. Por exemplo, as instalações podem organizar eventos de sensibilização ou concursos para incentivar o pessoal a adotar melhores práticas. O reconhecimento dos esforços individuais e colectivos, através de recompensas ou certificação, também pode reforçar este compromisso. Um aspeto crucial da formação é a avaliação contínua das competências. Devem ser efectuadas avaliações regulares para medir a compreensão dos protocolos de gestão de resíduos por parte do pessoal e identificar as áreas que necessitam de mais formação. As reacções dos trabalhadores também devem ser tidas em conta para melhorar os programas de formação e garantir que estes satisfazem as necessidades reais do pessoal. A comunicação desempenha um papel fundamental no empenho da equipa. A existência de canais de comunicação abertos, onde os trabalhadores podem colocar questões e partilhar preocupações sobre a gestão de resíduos, aumenta a transparência e o diálogo. Além disso, a integração da sustentabilidade nos objectivos gerais do estabelecimento e o envolvimento das equipas na definição desses objectivos podem criar um sentimento de pertença e de responsabilidade colectiva. Por último, as parcerias com organizações externas, como universidades ou peritos em gestão de resíduos, podem enriquecer os programas de formação e proporcionar novas perspectivas.

Referências

Dufour, J., Lemaire, V., & Petit, C. (2021). Práticas sustentáveis na gestão de resíduos de saúde: Desafios e oportunidades. Ambiente Internacional, 150, 106-114.

Garrido, M., Mendez, J., & Ruiz, A. (2019). Gestão de resíduos em cuidados de saúde: A Review of the Literature. Jornal de Gestão Ambiental, 250, 109-115.

Bouchouicha, M., Djerrou, L., & Saidi, S. (2019). Desafios da gestão de resíduos médicos na Argélia: A Review and Recommendations. Jornal de Ciência e Engenharia da Saúde Ambiental, 17(4), 2331-2342.

PAPEL DOS GESTORES DE HIGIENE A HIGIENE NA GESTÃO DOS RESÍDUOS

O papel dos responsáveis pela higiene na gestão dos resíduos hospitalares é crucial para garantir a segurança dos doentes, do pessoal e do ambiente nos estabelecimentos de saúde. Estes responsáveis são, antes de mais, responsáveis pela elaboração e aplicação de políticas de gestão dos resíduos. Devem assegurar-se de que estas políticas estão em conformidade com a regulamentação em vigor e são adaptadas às especificidades de cada estabelecimento. Trata-se igualmente de estabelecer protocolos de triagem, de recolha e de eliminação dos resíduos hospitalares, tendo em conta os diferentes tipos de resíduos e os riscos associados. Em segundo lugar, os responsáveis pela higiene desempenham um papel essencial na formação do pessoal. Devem organizar sessões de formação regulares para sensibilizar os trabalhadores para as boas práticas de gestão de resíduos, incluindo a separação na fonte e a utilização de equipamento de proteção individual (EPI). Ao assegurarem que o pessoal está bem informado e formado, ajudam a minimizar o risco de contaminação e a melhorar a eficiência dos processos de gestão de resíduos. Outro aspeto importante do seu papel é o controlo e a avaliação das práticas de gestão de resíduos. Devem efetuar auditorias regulares para garantir que os protocolos estão a ser seguidos e para identificar áreas a melhorar. Além disso, devem analisar os dados sobre os volumes de resíduos gerados e os métodos de eliminação utilizados, a fim de otimizar os processos e reduzir os custos de gestão de resíduos.Os gestores de higiene também devem trabalhar com outros departamentos do hospital, como os serviços técnicos e as equipas médicas, para coordenar os esforços de gestão de resíduos. Esta colaboração é essencial para garantir uma abordagem integrada e eficiente, reduzindo o risco de erros na triagem e eliminação de resíduos.Além disso, devem sensibilizar todo o pessoal para a importância da sustentabilidade e da proteção ambiental na gestão de resíduos. Isto pode incluir iniciativas para reduzir a produção de resíduos na fonte e para promover a reciclagem e a recuperação de resíduos hospitalares. Por último, os gestores de higiene têm de estar a par dos novos regulamentos e das melhores práticas de gestão de resíduos. Isto exige uma formação contínua e um acompanhamento ativo das inovações neste domínio.

BOAS PRÁTICAS E RESPONSABILIDADES

As melhores práticas de gestão de resíduos hospitalares são essenciais para garantir a segurança dos doentes, do pessoal e do ambiente nos estabelecimentos de saúde. Em primeiro lugar, é fundamental uma classificação rigorosa dos resíduos logo que são produzidos. Para tal, é necessário identificar claramente os diferentes tipos de resíduos, como os resíduos infecciosos, os resíduos químicos e os recicláveis, a fim de aplicar os métodos de gestão adequados. A triagem na fonte deve ser sistemática, com contentores claramente rotulados e acessíveis para cada tipo de resíduo, facilitando o tratamento adequado. Em segundo lugar, a formação do pessoal é uma responsabilidade crucial. Todos os membros da equipa devem receber formação sobre os protocolos de gestão de resíduos, incluindo a triagem, a recolha e a eliminação. Sessões de formação regulares, incluindo simulações práticas, ajudam a reforçar as competências necessárias e a garantir que o pessoal compreende plenamente os riscos associados a uma má gestão dos resíduos. Além disso, é importante avaliar periodicamente os conhecimentos do pessoal para identificar eventuais necessidades de formação adicional. O controlo rigoroso dos resíduos é também uma boa prática essencial. Tal inclui a documentação exacta dos volumes de resíduos produzidos, dos métodos de eliminação utilizados e das datas de recolha. Os gestores devem efetuar auditorias regulares para garantir o cumprimento dos protocolos de gestão de resíduos e identificar áreas a melhorar. Esta transparência é crucial para otimizar os processos e reduzir os custos associados à gestão de resíduos.A comunicação interna desempenha um papel fundamental no empenho da equipa. O estabelecimento de canais de comunicação abertos permite que os funcionários expressem as suas preocupações e sugiram melhorias na gestão de resíduos. Isto promove uma cultura de responsabilidade colectiva e de envolvimento em iniciativas de sustentabilidade. Além disso, os estabelecimentos de saúde precisam de estabelecer parcerias com empresas especializadas na reciclagem e recuperação de resíduos. Estas parcerias permitem transformar os resíduos recicláveis em novos produtos. recursos e reduzir o volume de resíduos enviados para incineração. Isto faz parte de uma abordagem mais alargada da sustentabilidade, em que os resíduos são vistos como um recurso e não como um fardo. Por último, os responsáveis pela gestão dos resíduos devem manter-se a par das novas regulamentações e das melhores práticas no domínio da gestão dos resíduos hospitalares. O acompanhamento ativo das inovações e das tecnologias emergentes neste domínio é essencial para melhorar continuamente as práticas de gestão de resíduos.

COLABORAÇÃO ENTRE OS DIFERENTES SERVIÇOS DO CHU

A colaboração entre os vários departamentos de um Centro Hospitalar Universitário (CHU) é essencial para garantir uma gestão eficaz dos resíduos hospitalares. Cada departamento, desde a medicina à logística, desempenha um papel específico no processo de gestão de resíduos, e a sua cooperação pode melhorar a segurança e a eficiência das operações. Por exemplo, o departamento de cuidados deve trabalhar em estreita colaboração com o departamento de higiene para garantir que o pessoal recebe formação adequada sobre os protocolos de triagem e eliminação de resíduos. Esta sinergia pode ser reforçada através de sessões de formação interdepartamentais, onde os especialistas partilham as melhores práticas e as novas regulamentações. Outro exemplo de colaboração eficaz é entre o departamento de manutenção e o departamento de gestão de resíduos. O departamento de manutenção deve garantir que os contentores de resíduos estão em boas condições e corretamente posicionados para facilitar a separação na origem. Ao estabelecer um plano de comunicação regular entre estes dois departamentos, é possível identificar rapidamente as necessidades de equipamento e melhorar a eficiência do processo de recolha. Além disso, podem ser organizadas reuniões regulares para avaliar a conformidade com as práticas de gestão de resíduos e sugerir melhorias.O departamento de farmácia também desempenha um papel crucial na gestão de resíduos, especialmente quando se trata de medicamentos não utilizados ou fora de prazo. A estreita colaboração entre as equipas médicas e a farmácia garante que estes resíduos são corretamente identificados e eliminados de acordo com a regulamentação. Por exemplo, alguns hospitais criaram programas de devolução de medicamentos, onde os doentes podem devolver os medicamentos não utilizados, reduzindo o risco de contaminação e desperdício. A sensibilização dos doentes é outra área em que a colaboração entre departamentos pode ser benéfica. As equipas de cuidados, em parceria com o departamento de comunicação, podem criar brochuras e cartazes explicativos sobre a gestão dos resíduos hospitalares, sensibilizando os doentes e as suas famílias para a importância da gestão dos resíduos. Isto ajuda a criar um ambiente de cuidados de saúde mais seguro e mais consciente do ambiente. Por último, os projectos de investigação e as iniciativas de melhoria contínua podem ser realizados em colaboração com universidades ou organizações externas, permitindo que os departamentos de cuidados de saúde primários beneficiem das últimas inovações em matéria de gestão de resíduos. Por exemplo, um hospital universitário em França trabalhou com uma universidade para desenvolver um sistema digital de rastreio de resíduos, optimizando a gestão e reduzindo os erros de triagem.

A IMPORTÂNCIA DO TRABALHO INTERDISCIPLINAR

O trabalho interdisciplinar é crucial na gestão dos resíduos hospitalares nos hospitais universitários (UH), uma vez que permite a integração de diversos conhecimentos e competências para melhorar a eficiência e a segurança dos processos. Cada disciplina, seja ela médica, administrativa, técnica ou ambiental, traz uma perspetiva única que enriquece a gestão global dos resíduos. Por exemplo, as equipas médicas, em colaboração com os gestores de higiene, podem identificar melhor os tipos de resíduos gerados durante os cuidados aos doentes, facilitando a classificação e a triagem adequadas na fonte. As equipas de cuidados têm de trabalhar com os departamentos de manutenção para garantir que os contentores de resíduos estão corretamente posicionados e adaptados às necessidades dos diferentes departamentos.

Isto inclui o estabelecimento de protocolos para a limpeza e manutenção das áreas de armazenamento de resíduos, garantindo assim um ambiente seguro para o pessoal e para os doentes. doentes. Por exemplo, um hospital universitário em Itália organizou reuniões regulares entre o pessoal de enfermagem e o departamento de manutenção para discutir as melhorias necessárias, o que levou a uma redução significativa dos erros de triagem.

O papel das equipas de gestão de resíduos é igualmente essencial num contexto interdisciplinar.

Estas equipas precisam de trabalhar com o departamento de farmácia para gerir adequadamente os resíduos farmacêuticos, como os medicamentos fora de prazo ou não utilizados. Ao trabalharem em conjunto, podem desenvolver protocolos claros para a devolução e eliminação destes resíduos, reduzindo o risco de contaminação e desperdício. Além disso, o envolvimento dos departamentos de comunicação é vital para sensibilizar o pessoal e os doentes para a importância da gestão dos resíduos. Trabalhando com as equipas médicas, o departamento de comunicação pode criar materiais educativos que expliquem as práticas de triagem, os riscos associados a uma má gestão de resíduos e os benefícios de uma abordagem sustentável.

Por exemplo, podem ser afixados folhetos e cartazes informativos nas salas de espera e nas áreas comuns, sensibilizando e envolvendo todos. Por último, o trabalho interdisciplinar incentiva a inovação e a melhoria contínua.

Ao reunir peritos de diferentes áreas, os centros de saúde podem identificar novas tecnologias e melhores práticas para a gestão de resíduos. Por exemplo, um hospital universitário na Austrália formou um grupo de trabalho composto por pessoal médico, técnicos ambientais e peritos em gestão de resíduos para procurar soluções inovadoras para a reciclagem e recuperação de resíduos, o que conduziu a resultados significativos em termos de sustentabilidade. Em suma, a importância do trabalho interdisciplinar na gestão dos resíduos hospitalares reside na sua capacidade de criar uma abordagem coerente e integrada. Esta colaboração enriquece o conhecimento, melhora a eficiência dos processos e aumenta a segurança nos estabelecimentos de saúde, contribuindo assim para um ambiente de saúde mais sustentável e responsável.

GESTÃO DE RESÍDUOS PRODUTOS FARMACÊUTICOS

A gestão de resíduos farmacêuticos é um aspeto crucial da gestão de resíduos hospitalares nos hospitais universitários (UHC) e exige protocolos rigorosos para garantir a segurança do pessoal, dos doentes e do ambiente. Em primeiro lugar, é essencial classificar os resíduos farmacêuticos assim que são produzidos. Isto inclui medicamentos fora de prazo, não utilizados ou contaminados, que devem ser separados de outros tipos de resíduos para evitar a contaminação cruzada. Cada instalação deve dispor de contentores claramente rotulados e adequados para armazenar estes resíduos, a fim de garantir a sua correta eliminação. As equipas médicas, bem como o pessoal das farmácias, devem receber formação sobre os procedimentos de gestão dos resíduos farmacêuticos, incluindo os riscos associados ao manuseamento incorreto destes resíduos. Sessões de formação regulares, acompanhadas de recursos visuais e simulações práticas, ajudam a reforçar a compreensão e a aplicação dos protocolos por parte do pessoal. Outro grande desafio é a eliminação segura dos resíduos farmacêuticos. Os hospitais universitários têm de trabalhar com empresas especializadas para garantir que estes resíduos são tratados de acordo com a regulamentação atual. Por exemplo, alguns estabelecimentos podem recorrer a serviços de recolha específicos que se ocupam dos resíduos farmacêuticos, garantindo que estes são eliminados de forma segura e ecológica. Nalguns países, existem também programas de devolução de medicamentos, que permitem aos doentes devolver os medicamentos não utilizados para serem devidamente eliminados. A sensibilização dos doentes para a gestão dos resíduos farmacêuticos também é importante. Os hospitais podem desenvolver campanhas de informação para explicar aos doentes como eliminar corretamente os medicamentos fora de prazo ou não utilizados, fornecendo instruções claras sobre os pontos de recolha disponíveis. Isto ajuda a reduzir o risco de contaminação e a promover práticas de cuidados de saúde responsáveis. Além disso, a monitorização e a avaliação das práticas de gestão de resíduos farmacêuticos são essenciais para a melhoria contínua dos processos. Devem ser efectuadas auditorias regulares para verificar a conformidade com os protocolos em vigor e identificar as áreas que necessitam de ajustes. Isto também permite analisar os volumes de resíduos gerados e identificar oportunidades para reduzir os resíduos. Por último, a colaboração interdisciplinar é um elemento-chave para uma gestão bem sucedida dos resíduos farmacêuticos. As equipas médicas, os farmacêuticos, o pessoal de higiene e os departamentos técnicos têm de trabalhar em conjunto para desenvolver protocolos eficazes que sejam adaptados às necessidades das instalações. Por exemplo, podem ser organizadas reuniões interdepartamentais para discutir os desafios encontrados e partilhar soluções inovadoras.

RISCOS E MÉTODOS DE TRATAMENTO

A gestão dos resíduos hospitalares, nomeadamente dos resíduos infecciosos e farmacêuticos, apresenta riscos significativos que exigem métodos de tratamento adequados para garantir a segurança dos doentes, do pessoal e do ambiente. Em primeiro lugar, os resíduos hospitalares podem conter agentes patogénicos, produtos químicos perigosos e medicamentos fora de prazo, apresentando riscos de contaminação, infeção e poluição. A exposição inadequada a estes resíduos pode conduzir a infecções nosocomiais, reacções alérgicas ou problemas de saúde a longo prazo para o pessoal de saúde e para os doentes. Para minimizar estes riscos, é essencial implementar protocolos de triagem rigorosos. Os resíduos devem ser classificados na origem, com contentores claramente identificados para resíduos infecciosos, resíduos químicos e medicamentos. Esta separação permite que cada tipo de resíduo seja tratado pelo método mais adequado, reduzindo o potencial de contaminação cruzada. Os métodos de tratamento dos resíduos hospitalares variam consoante a sua natureza. A incineração é um dos métodos mais utilizados para a eliminação de resíduos infecciosos. Este processo destrói os agentes patogénicos a alta temperatura, reduzindo o volume de resíduos e minimizando o impacto ambiental. No entanto, requer instalações específicas e um controlo rigoroso para evitar emissões nocivas. A esterilização em autoclave é outro método eficaz, particularmente adaptado aos resíduos infecciosos. Este processo utiliza vapor pressurizado para destruir os agentes patogénicos, permitindo que os resíduos sejam eliminados por meios convencionais. Muitos hospitais estão a adotar este método devido à sua capacidade de tratar os resíduos de forma eficaz, respeitando as normas ambientais. No caso dos resíduos químicos e farmacêuticos, devem ser aplicados métodos de descontaminação específicos. Estes podem incluir processos de neutralização química, em que são adicionados produtos químicos para neutralizar a toxicidade dos resíduos antes da sua eliminação. Além disso, algumas instalações utilizam tecnologias de tratamento avançadas, como a pirólise, que converte os resíduos em energia, contribuindo para uma abordagem mais sustentável. A formação do pessoal é também essencial para garantir que os métodos de tratamento são aplicados corretamente. As equipas têm de ser sensibilizadas para os riscos associados aos diferentes tipos de resíduos e para os protocolos de tratamento a seguir. Simulações e exercícios práticos podem reforçar esta formação, garantindo que o pessoal está bem preparado para lidar com situações de emergência. Por último, o controlo e a avaliação dos métodos de tratamento em vigor são cruciais para a melhoria contínua das práticas. As auditorias regulares identificam os pontos fracos e sugerem melhorias, garantindo que os protocolos permanecem em conformidade com os regulamentos e as melhores práticas de gestão de resíduos.

TECNOLOGIAS INOVADORAS PARA O TRATAMENTO DE RESÍDUOS

As tecnologias inovadoras para o tratamento de resíduos hospitalares desempenham um papel crucial na melhoria da gestão de resíduos nos hospitais universitários (UH). Estas soluções não só reduzem os riscos para a saúde, como também minimizam o impacto ambiental. A esterilização por micro-ondas, por exemplo, é um método que está a ganhar popularidade. Esta tecnologia utiliza ondas electromagnéticas para aquecer e destruir os agentes patogénicos presentes nos resíduos. doenças infecciosas, permitindo um tratamento eficaz, mantendo uma pegada ambiental reduzida. Outro exemplo é a técnica de descontaminação por plasma. Este método utiliza plasma ionizado para eliminar os agentes patogénicos e as substâncias tóxicas dos resíduos hospitalares. Instalações na Europa e nos Estados Unidos começaram a adotar esta tecnologia, que oferece uma alternativa menos poluente aos métodos tradicionais de incineração, ao mesmo tempo que é capaz de tratar uma variedade de resíduos, incluindo resíduos químicos. Além disso, a utilização de tecnologias de pirólise para tratar resíduos de plásticos médicos está a ser cada vez mais considerada. Este processo termoquímico decompõe os materiais a altas temperaturas na ausência de oxigénio, produzindo gases e óleos que podem ser utilizados como fontes de energia. Por exemplo, algumas instalações na Ásia implementaram esta tecnologia para converter resíduos de plástico em combustível, contribuindo para uma economia circular. A digitalização e a utilização de sensores inteligentes também representam um avanço significativo na gestão de resíduos. Estes sistemas permitem acompanhar o volume de resíduos produzidos em tempo real e monitorizar o seu tratamento. Por exemplo, alguns hospitais no Canadá implementaram um software de gestão de resíduos que incorpora sensores para otimizar a recolha e a triagem de resíduos, reduzindo os erros e melhorando a eficiência operacional. Outras inovações incluem a utilização de robots para separar os resíduos. Estes sistemas automatizados podem reconhecer diferentes tipos de resíduos e separá-los de acordo com a sua natureza, reduzindo a carga de trabalho do pessoal e minimizando o risco de exposição. As instalações na Europa já experimentaram estas tecnologias com resultados promissores, aumentando a precisão da triagem e a segurança do pessoal. Por último, estão em curso projectos de investigação sobre a valorização dos resíduos hospitalares, em especial o desenvolvimento de biotecnologias para transformar os resíduos orgânicos em composto ou biogás. Por exemplo, alguns hospitais na Escandinávia estão a explorar a utilização de biodigestores para tratar os resíduos hospitalares e os resíduos orgânicos, contribuindo assim para a sustentabilidade e reduzindo a quantidade de resíduos enviados para aterros. Estas soluções permitem que os resíduos sejam tratados de forma mais eficaz, minimizando o impacto ambiental e garantindo a segurança dos doentes e do pessoal.

EQUIPAMENTOS E SOLUÇÕES ACTUAIS

Os actuais equipamentos e soluções de tratamento de resíduos hospitalares são essenciais para melhorar a eficiência e a segurança das operações nos hospitais universitários (UH). Entre estas soluções, os sistemas de tratamento a vapor, como as autoclaves, são amplamente utilizados para esterilizar resíduos infecciosos. Estes equipamentos funcionam através da utilização de vapor pressurizado para destruir os agentes patogénicos, permitindo que os resíduos sejam eliminados de forma segura e preparados para eliminação em locais adequados. Outra solução contemporânea é a utilização de contentores de resíduos inteligentes. Estes dispositivos estão equipados com sensores que monitorizam o nível de enchimento e alertam o pessoal quando o contentor está quase cheio. Isto optimiza a recolha de resíduos, reduz o risco de transbordo e melhora a eficiência das operações de gestão de resíduos. Os hospitais em França, por exemplo, começaram a utilizar estas tecnologias para melhorar a sua logística de recolha. As soluções de tratamento por micro-ondas acima referidas representam também um avanço significativo. Estes equipamentos tratam eficazmente os resíduos hospitalares aquecendo-os rapidamente, reduzindo assim o volume de resíduos e assegurando a sua descontaminação. As instalações na Suíça adoptaram esta tecnologia, verificando uma redução significativa dos custos associados à eliminação dos resíduos. Os sistemas de incineração de baixas emissões são outra solução atual. Estes incineradores modernos são concebidos para minimizar as emissões poluentes para o ambiente, assegurando simultaneamente a destruição eficiente dos resíduos hospitalares. Por exemplo, os hospitais do Reino Unido investiram em incineradores de nova geração que cumprem normas ambientais rigorosas, reduzindo a sua pegada ecológica. Além disso, o desenvolvimento de biodigestores para tratar resíduos orgânicos, como restos de comida ou resíduos de serviços de cuidados, está a crescer. Este equipamento converte os resíduos orgânicos em biogás, que pode ser utilizado como fonte de energia renovável. Projectos-piloto na Escandinávia mostram que esta abordagem pode não só reduzir os resíduos, mas também contribuir para a sustentabilidade energética dos estabelecimentos. Por último, o software de gestão de resíduos, que incorpora ferramentas de análise e rastreio de resíduos, está a ser cada vez mais utilizado. Estas soluções permitem que as instalações monitorizem os seus fluxos de resíduos, optimizem os seus processos de triagem e eliminação e melhorem os seus relatórios de sustentabilidade. Os hospitais na Austrália implementaram estes sistemas para analisar os dados relativos aos resíduos, identificando oportunidades de redução e de melhoria contínua. Estas inovações não só ajudam a proteger a saúde pública, como também reduzem o impacto ambiental das actividades hospitalares.

CONTROLO E AVALIAÇÃO DA GESTÃO DE RESÍDUOS

A monitorização e a avaliação da gestão dos resíduos hospitalares são essenciais para garantir a eficiência dos processos, o cumprimento da regulamentação e a melhoria contínua das práticas nos hospitais universitários (UHC). Em primeiro lugar, é crucial estabelecer indicadores de desempenho claros para medir a eficácia dos sistemas de gestão de resíduos. Estes indicadores podem incluir medidas como os volumes de resíduos produzidos, as taxas de triagem e de reciclagem, bem como os custos associados à eliminação de resíduos. Por exemplo, um hospital pode criar um sistema de relatórios mensais para analisar estes dados e identificar tendências. A utilização de software de gestão de resíduos é também uma prática contemporânea que facilita a monitorização. Estes sistemas permitem a centralização dos dados relativos aos resíduos, o acompanhamento dos fluxos de resíduos em tempo real e a reciclagem dos resíduos. Por exemplo, os hospitais do Canadá adoptaram plataformas digitais para monitorizar todo o processo de gestão de resíduos, facilitando a análise e a otimização das práticas.

Imagem : Freepik

As auditorias regulares desempenham um papel fundamental na avaliação das práticas de gestão de resíduos. Estas auditorias devem ser realizadas por equipas internas ou externas para garantir objetividade e transparência. Permitem avaliar o cumprimento dos protocolos estabelecidos, identificar deficiências na gestão e recomendar melhorias. Por exemplo, um hospital universitário em França criou um programa de auditoria semestral para avaliar a eficácia das suas práticas de gestão de resíduos, o que levou a melhorias significativas na triagem e redução de resíduos. A sensibilização do pessoal e a formação contínua são também essenciais para um controlo eficaz. Sessões de formação regulares recordam aos empregados as boas práticas de gestão de resíduos e avaliam a sua compreensão dos protocolos. Os questionários de satisfação ou as avaliações podem ser utilizados para medir o impacto destas sessões de formação e ajustar os programas conforme necessário. Por último, a recolha de feedback do pessoal é uma prática valiosa. Incentivar o pessoal a comunicar os problemas encontrados na gestão de resíduos ajuda a identificar oportunidades de melhoria. Por exemplo, alguns hospitais criam caixas de sugestões ou reuniões mensais para recolher ideias e preocupações dos funcionários no terreno.

ESTUDOS DE CASOS DE HOSPITAIS UNIVERSITÁRIOS NA EUROPA

Seguem-se alguns estudos de caso de hospitais universitários na Europa que ilustram práticas inovadoras e eficazes na gestão de resíduos hospitalares:

1. Hospital Universitário de Bordéus, França

O Hospital Universitário de Bordéus criou um ambicioso programa de redução de resíduos, que inclui a integração da gestão de resíduos na sua estratégia de desenvolvimento sustentável. Este programa inclui:

-Formação contínua: Sessões regulares de sensibilização do pessoal para a importância da triagem dos resíduos.

Auditoria e controlo: Avaliações semestrais para medir o progresso na redução de resíduos.

-Reciclagem: Implementação de circuitos de reciclagem de plásticos, papel e metais, conduzindo a uma redução significativa do volume de resíduos enviados para incineração.

2. Hospital Universitário de Copenhaga, Dinamarca

Este hospital adoptou uma abordagem sistemática para a gestão dos seus resíduos hospitalares, com resultados impressionantes:

-Tecnologia de tratamento: Utilização de um incinerador moderno que respeita normas ambientais rigorosas e reduz as emissões poluentes.

-Colaboração interdisciplinar: as equipas médicas, técnicas e administrativas trabalham em conjunto para otimizar os processos de triagem e de eliminação.

-Sensibilização dos doentes: Campanhas de informação para incentivar os doentes a devolverem os medicamentos não utilizados, reduzindo assim os resíduos farmacêuticos.

3. Hospital Charité, Berlim, Alemanha

Este hospital implementou um programa exemplar de gestão de resíduos, centrada na inovação :

-Sistemas de triagem automatizados: adoção de tecnologias de triagem automatizadas que melhoram a eficiência do processo de gestão de resíduos.

-Resíduos biológicos: Implementação de um sistema de compostagem de resíduos orgânicos, transformando os resíduos alimentares em composto utilizado nos espaços verdes do hospital.

-Relatório de sustentabilidade: Publicação anual de relatórios sobre a gestão de resíduos, permitindo o acompanhamento dos progressos e a partilha das melhores práticas.

4. Hospital Universitário de Lausanne, Suíça

O Hospital Universitário de Lausanne desenvolveu um programa integrado de gestão de resíduos que ilustra a importância da sustentabilidade:

-Formação e sensibilização: Programas de formação para todos os trabalhadores sobre práticas de gestão de resíduos.
Avaliação contínua: Auditorias regulares para medir a conformidade com os protocolos de gestão de resíduos, com feedback incorporado para melhorar os processos.
-Parcerias externas: Trabalhar com empresas locais para reciclar resíduos de plástico, reduzindo a quantidade enviada para incineração.

5. Hospital Universitário de Gotemburgo, Suécia

Este hospital adoptou uma abordagem proactiva para a gestão dos seus resíduos hospitalares:

Incineração de baixas emissões: Utilização de incineradores de baixas emissões, respeitando as normas ambientais mais rigorosas.
Rastreio digital: Implementação de uma plataforma digital de rastreio de resíduos, permitindo uma gestão em tempo real e uma melhor tomada de decisões.
-Iniciativas de redução de resíduos: Programas para reduzir as embalagens e promover a utilização de materiais sustentáveis.

Conclusão

Estes estudos de caso mostram como os hospitais universitários europeus estão a adotar práticas inovadoras e de colaboração para melhorar a gestão dos resíduos hospitalares. Estes estabelecimentos estão a contribuir para um ambiente de cuidados de saúde mais sustentável e responsável. Estas iniciativas podem servir de modelo para outros estabelecimentos que procuram otimizar a sua gestão de resíduos.

HISTÓRIAS DE SUCESSO NOS EUA

Seguem-se algumas histórias de sucesso na gestão de resíduos hospitalares nos Estados Unidos, que ilustram práticas eficazes e inovadoras implementadas por hospitais e sistemas de saúde:

1. Clínica Mayo, Minnesota

A Clínica Mayo é reconhecida pelas suas iniciativas de sustentabilidade e gestão de resíduos:

-Programa de redução de resíduos: A clínica tem em vigor um programa que tem como objetivo reduzir os resíduos em 50% até 2030. Este programa inclui esforços para reduzir as embalagens e melhorar a reciclagem.
-Formação do pessoal: São organizadas sessões de formação regulares para sensibilizar o pessoal para a gestão dos resíduos, com especial destaque para a triagem na fonte.
-Monitorização dos progressos: Utilização de sistemas de monitorização para medir os volumes de resíduos produzidos e avaliar os progressos em relação aos objectivos de redução.

2. Clínica de Cleveland, Ohio

A Cleveland Clinic adoptou as melhores práticas na gestão de resíduos hospitalares: Incineração de baixas emissões: As instalações utilizam incineradores que cumprem normas ambientais rigorosas, reduzindo as emissões de poluentes.
-Parcerias com empresas locais: Trabalhar com empresas especializadas para reciclar resíduos de plástico e metal, contribuindo para uma economia circular.
-Relatórios de sustentabilidade: Apresentação de relatórios anuais sobre o desempenho em matéria de sustentabilidade e gestão de resíduos, garantindo a transparência e a responsabilização.

3. Kaiser Permanente, Califórnia

A Kaiser Permanente é um sistema de saúde integrado que se centra na sustentabilidade:

-Iniciativas de redução de resíduos: Implementação de programas de redução de resíduos em todas as instalações, incluindo esforços para reduzir os resíduos alimentares e melhorar a reciclagem.

-Sensibilização dos trabalhadores: Formação contínua do pessoal sobre as melhores práticas de gestão de resíduos, com incentivos para os que participam ativamente em programas de sustentabilidade.
-Tecnologias de controlo: Utilização de tecnologias digitais para monitorizar a produção de resíduos e otimizar os processos de gestão.

***4.* Hospital Johns Hopkins, Maryland**

O Hospital Johns Hopkins é um exemplo de gestão eficaz de resíduos hospitalares:

Estratégia de triagem e eliminação: Implementação de um sistema de triagem rigoroso para os resíduos hospitalares, com contentores claramente rotulados e procedimentos de recolha bem definidos.
-Auditorias regulares: São efectuadas auditorias internas para avaliar a conformidade com os protocolos de gestão de resíduos e identificar áreas de melhoria.
-Envolvimento da comunidade: Sensibilização da comunidade para a gestão dos resíduos hospitalares, incluindo programas de devolução de medicamentos não utilizados.

***5.* Hospital Pediátrico do Colorado**

Este hospital pediátrico introduziu práticas inovadoras de gestão de resíduos:

-Biodegradabilidade: Adoção de produtos biodegradáveis nos serviços alimentares e de cuidados, reduzindo assim os resíduos de plástico.
-Programa de compostagem: Implementação de um programa de compostagem de resíduos orgânicos, contribuindo para a sustentabilidade e para a redução da quantidade de resíduos enviados para aterro.
-Avaliações de impacto: Avaliações regulares dos impactos ambientais das práticas de gestão de resíduos para orientar futuras decisões estratégicas.

Conclusão

Estes modelos de sucesso dos Estados Unidos mostram como os hospitais e os sistemas de saúde estão a adotar práticas inovadoras e eficazes para gerir os resíduos hospitalares. Estas iniciativas podem servir de exemplos inspiradores para outras instituições que procuram melhorar a sua gestão de resíduos.

IMPACTO AMBIENTAL DOS RESÍDUOS HOSPITALARES

O impacto ambiental dos resíduos hospitalares é uma questão importante que exige uma atenção especial na gestão dos estabelecimentos de saúde. Estes resíduos, que incluem produtos infecciosos, químicos e farmacêuticos, podem ter consequências nefastas para o ambiente se não forem tratados corretamente. Por exemplo, a incineração de resíduos hospitalares pode libertar poluentes na atmosfera, afectando a qualidade do ar e contribuindo para problemas de saúde pública. Nos Estados Unidos, estudos demonstraram que os hospitais que não cumprem as normas de incineração podem emitir dioxinas, substâncias cancerígenas, para a atmosfera. Na Europa, a gestão dos resíduos hospitalares é regida por regulamentos rigorosos, mas os desafios persistem. Em França, por exemplo, os hospitais foram criticados por não separarem corretamente os resíduos, o que levou a um aumento do volume de resíduos enviados para incineração e, consequentemente, a um aumento das emissões de gases com efeito de estufa. A má gestão dos resíduos pode também levar à contaminação do solo e das águas subterrâneas, especialmente quando os resíduos químicos são eliminados de forma incorrecta. Este facto constitui uma ameaça para a biodiversidade local e pode ter repercussões a longo prazo nos ecossistemas. Os resíduos de plástico são outra fonte de preocupação ambiental nos estabelecimentos de saúde. Com o aumento dos produtos médicos de utilização única, como luvas e seringas, a quantidade de plástico gerada pelos hospitais aumentou consideravelmente. Nos EUA, estima-se que os hospitais geram cerca de 2 milhões de toneladas de resíduos de plástico por ano, grande parte dos quais acaba em aterros, contribuindo para a crise global dos resíduos de plástico. Na Europa, estão em curso iniciativas para reduzir a utilização de plásticos de utilização única nos estabelecimentos de saúde, mas o desafio continua a ser imenso.

Imagem : Freepik

O tratamento incorreto dos resíduos hospitalares pode também ter um impacto na saúde humana. Por exemplo, em resultado de uma gestão inadequada, os agentes patogénicos presentes nos resíduos infecciosos podem contaminar o ambiente e colocar em risco as comunidades circundantes. Em Itália, foram registados casos de contaminação de aquíferos por resíduos hospitalares mal geridos, tendo sido encontradas substâncias tóxicas na água potável, pondo em perigo a saúde dos residentes locais. Os hospitais na Suécia criaram programas de reciclagem de plásticos médicos, transformando os resíduos em novos recursos e reduzindo o impacto ambiental das suas operações. resíduos. Do mesmo modo, iniciativas nos Estados Unidos, como as lançadas pela Cleveland Clinic, têm como objetivo integrar práticas de sustentabilidade na gestão de resíduos, reduzindo assim os volumes de resíduos enviados para incineração e melhorando a pegada de carbono das instalações. A educação e a sensibilização do pessoal médico para o impacto ambiental dos resíduos hospitalares são essenciais para melhorar as práticas de gestão. Os programas de formação podem ajudar a sensibilizar o pessoal para as consequências de uma má gestão dos resíduos e incentivá-lo a adotar um comportamento mais responsável. Por exemplo, a Clínica Mayo organizou sessões de formação para o seu pessoal, a fim de o incentivar a separar e reduzir os resíduos. A colaboração entre estabelecimentos de saúde, governos e organizações não governamentais é também crucial para reduzir o impacto ambiental dos resíduos hospitalares. Na Europa, projectos como o programa Green Hospital visam criar sinergias entre as diferentes partes interessadas para partilhar as melhores práticas e desenvolver soluções inovadoras. Nos Estados Unidos, iniciativas semelhantes incentivam os hospitais a trabalhar em conjunto para reduzir a sua pegada ambiental colectiva. Em conclusão, o impacto ambiental dos resíduos hospitalares é uma questão complexa que exige uma abordagem multidimensional. Através da adoção de práticas de gestão sustentáveis, da sensibilização do pessoal e da colaboração com outras partes interessadas, os estabelecimentos de saúde podem reduzir significativamente o seu impacto no ambiente. Isto é essencial não só para a saúde das comunidades circundantes, mas também para a proteção do ambiente e a sustentabilidade a longo prazo dos sistemas de saúde.

ANÁLISE DAS CONSEQUÊNCIAS

A análise das consequências ecológicas dos resíduos hospitalares revela um impacto significativo no ambiente, exigindo uma maior atenção nas práticas de gestão dos resíduos. Em primeiro lugar, os resíduos hospitalares, nomeadamente os que contêm substâncias tóxicas ou infecciosas, podem contaminar os solos e as águas subterrâneas. Por exemplo, estudos realizados em Itália mostraram que resíduos químicos mal geridos penetraram nos aquíferos, conduzindo a níveis alarmantes de contaminantes na água potável. Esta situação representa um risco direto para a saúde humana e para a biodiversidade local. Em segundo lugar, a incineração de resíduos hospitalares, embora habitualmente utilizada para destruir agentes patogénicos, produz emissões nocivas que afectam a qualidade do ar. Nos Estados Unidos, os hospitais que não cumprem as normas de emissão podem libertar dioxinas e outros poluentes para a atmosfera, contribuindo para problemas de saúde pública como as doenças respiratórias e o cancro. Na Europa, foram adoptadas iniciativas para modernizar as incineradoras, a fim de reduzir estas emissões, mas continuam a existir desafios. Outro aspeto preocupante é a acumulação de resíduos de plástico. Os estabelecimentos de saúde geram uma quantidade colossal de resíduos de plástico, principalmente devido à utilização de produtos de utilização única. Nos Estados Unidos, estima-se que os hospitais produzam cerca de 2 milhões de toneladas de resíduos de plástico por ano. A maior parte deste plástico acaba em aterros, onde pode demorar centenas de anos a decompor-se, contribuindo para a crise global dos resíduos de plástico. Além disso, a má gestão dos resíduos biológicos pode levar à proliferação de agentes patogénicos no ambiente. Os resíduos infecciosos, se não forem devidamente tratados, podem libertar bactérias e vírus no solo e na água, aumentando o risco de infecções nas comunidades circundantes. Na Europa, foram registados casos de contaminação de rios por resíduos médicos, o que sublinha a importância de uma gestão rigorosa. As consequências ecológicas não se limitam aos impactos diretos no ambiente. Incluem também efeitos a longo prazo na saúde dos ecossistemas. A contaminação do solo e da água pode afetar a flora e a fauna, perturbando os habitats naturais e ameaçando as espécies locais. Por exemplo, os produtos químicos dos resíduos hospitalares podem acumular-se na cadeia alimentar, afectando não só os organismos aquáticos, mas também os animais terrestres e, em última análise, os seres humanos. Além disso, o tratamento inadequado dos resíduos hospitalares pode também conduzir a emissões de gases com efeito de estufa. A incineração de resíduos, em particular, produz dióxido de carbono e outros gases nocivos que contribuem para as alterações climáticas. Estudos efectuados nos Estados

Unidos mostram que os hospitais, enquanto entidades emissoras, devem tomar medidas para reduzir a sua pegada de carbono através de uma gestão de resíduos mais sustentável. A sensibilização e a formação dos profissionais de saúde são essenciais para atenuar estas consequências ambientais. Ao formar o pessoal nas melhores práticas de gestão de resíduos, as instalações podem reduzir os erros e melhorar a triagem, a recolha e a eliminação dos resíduos. Os programas de sensibilização, como os criados pela Clínica Mayo, podem ter um impacto significativo na redução da quantidade de resíduos produzidos. Por último, a colaboração entre estabelecimentos de saúde, governos e organizações ambientais é crucial para o desenvolvimento de soluções inovadoras e sustentáveis. As iniciativas na Europa, como o programa Green Hospital, incentivam a partilha das melhores práticas e a inovação na gestão de resíduos. Nos Estados Unidos, parcerias semelhantes visam reduzir o impacto ecológico coletivo dos hospitais e promover práticas sustentáveis. Em conclusão, uma análise das consequências ecológicas dos resíduos hospitalares põe em evidência os grandes desafios que os estabelecimentos de saúde enfrentam. Uma abordagem proactiva, que incorpore práticas de gestão sustentáveis, a sensibilização do pessoal e a colaboração com várias partes interessadas, é essencial para minimizar estes impactos e proteger o ambiente.

PERSPECTIVAS FUTURAS DA GESTÃO DE RESÍDUOS EM CHU

As perspectivas futuras para a gestão de resíduos nos hospitais universitários (UH) parecem promissoras, com uma tendência para práticas mais sustentáveis e inovadoras. Em primeiro lugar, a integração de tecnologias avançadas no processo de gestão de resíduos está destinada a tornar-se a norma. Os sistemas de triagem automatizados, por exemplo, melhorarão a eficiência da triagem na fonte, reduzindo assim os erros e aumentando as taxas de reciclagem. Soluções como a inteligência artificial poderão também ser utilizadas para otimizar a gestão dos resíduos, analisando os fluxos e prevendo as necessidades em função das actividades hospitalares. Em segundo lugar, a sensibilização para a sustentabilidade continuará a aumentar nos estabelecimentos de saúde. Ensinar o pessoal e os doentes sobre a importância da gestão de resíduos será um objetivo cada vez mais importante para os serviços de saúde universal. Devem ser desenvolvidos programas educativos e campanhas de sensibilização para incentivar um comportamento responsável, incluindo a triagem e a redução dos resíduos. Por exemplo, as iniciativas a nível institucional poderiam incentivar os doentes a devolver os medicamentos não utilizados, limitando assim os resíduos farmacêuticos. A colaboração interinstitucional também deve ser reforçada. Os hospitais universitários poderiam unir forças com outras instituições de saúde, empresas privadas e organizações não governamentais para partilhar as melhores práticas e inovar na gestão de resíduos. As redes de colaboração regional poderiam facilitar o intercâmbio de ideias e recursos, melhorando assim a eficiência operacional e reduzindo os custos de gestão dos resíduos. A regulamentação e as políticas públicas desempenharão um papel crucial na evolução da gestão de resíduos. Os governos devem introduzir normas mais rigorosas para o tratamento dos resíduos hospitalares, incentivando assim as instituições a adoptarem práticas mais sustentáveis. Por exemplo, poderiam ser oferecidos incentivos fiscais aos hospitais que investissem em tecnologias de tratamento de resíduos respeitadoras do ambiente. Poderão também ser adoptadas normas para reduzir a utilização de plásticos de utilização única nas unidades de saúde. Será também dada maior atenção à circularidade na gestão de resíduos. Os UHC procurarão integrar práticas de recuperação e reutilização de materiais, transformando os resíduos em recursos. Iniciativas avançadas de reciclagem, como a transformação de resíduos de plástico em novas matérias-primas, poderão tornar-se comuns. Por exemplo, alguns hospitais poderão adotar sistemas de biodegradação para tratar os resíduos orgânicos e reduzir o seu volume global de resíduos. Além disso, o controlo e a avaliação das práticas de gestão de resíduos tornar-se-ão mais sofisticados. A utilização de dados em tempo real permitirá que as instalações monitorizem o seu desempenho e identifiquem áreas a melhorar. A análise dos dados recolhidos também ajudará a estabelecer parâmetros de referência e a comparar o desempenho entre diferentes instalações, promovendo uma cultura de melhoria contínua. A investigação e o desenvolvimento também desempenharão um papel fundamental na inovação da gestão de resíduos. Os hospitais universitários poderão colaborar com universidades e institutos de investigação para desenvolver novas tecnologias e métodos de tratamento de resíduos, reforçando assim a sua capacidade de gerir eficazmente os resíduos hospitalares. Por último, as crescentes preocupações ambientais e a urgência da crise climática influenciarão inevitavelmente as práticas de gestão de resíduos nos serviços de saúde universitários. Os estabelecimentos de saúde terão de responder a estes desafios adoptando práticas mais ecológicas e contribuindo para a sustentabilidade global das suas comunidades. Isto inclui não só a gestão de resíduos, mas também uma reflexão mais alargada sobre a sua pegada ecológica e a sua contribuição para a saúde pública.

PAPEL DOS PARCEIROS EXTERNOS

O papel dos parceiros externos na gestão dos resíduos dos Hospitais Universitários (HU) é crucial para melhorar as práticas de sustentabilidade e aumentar a eficiência operacional. Em primeiro lugar, as empresas especializadas no tratamento de resíduos hospitalares desempenham um papel essencial, oferecendo soluções adaptadas às caraterísticas específicas dos resíduos produzidos pelos estabelecimentos de saúde. Por exemplo, as empresas especializadas na incineração ou esterilização de resíduos podem garantir que os resíduos são tratados em conformidade com a regulamentação em vigor, reduzindo assim os riscos para a saúde pública e o ambiente. Em segundo lugar, as organizações não governamentais (ONG) e as associações ambientais podem fornecer conhecimentos valiosos em matéria de sensibilização e educação. Estes parceiros podem trabalhar com os UHCs para desenvolver programas de sensibilização para a gestão de resíduos destinados a incentivar o pessoal e os doentes a adoptarem um comportamento responsável. Por exemplo, as iniciativas de sensibilização para a redução dos resíduos de plástico ou para a necessidade de devolver os medicamentos não utilizados podem ter um impacto significativo na quantidade de resíduos produzidos. As autoridades públicas também desempenham um papel essencial na gestão dos resíduos hospitalares. Ao introduzirem regulamentos e normas ambientais rigorosos, podem incentivar os hospitais a adoptarem práticas de gestão de resíduos mais sustentáveis. Por exemplo, podem ser oferecidos subsídios ou incentivos fiscais aos estabelecimentos que invistam em tecnologias de tratamento de resíduos respeitadoras do ambiente, incentivando assim a transição para práticas mais sustentáveis. As universidades e os institutos de investigação também contribuem para a inovação na gestão dos resíduos hospitalares. Ao colaborarem com hospitais universitários, estas instituições podem efetuar investigação sobre novas tecnologias de tratamento de resíduos, reciclagem e recuperação de materiais. Por exemplo, os projectos de investigação centrados na bioenergia podem permitir transformar os resíduos orgânicos em fontes de energia renováveis, reduzindo assim a dependência dos combustíveis fósseis. As empresas de logística e transporte desempenham um papel fundamental na gestão eficiente dos fluxos de resíduos. Ao optimizarem as rotas de recolha e melhorarem a gestão das existências de resíduos, estes parceiros externos podem ajudar a reduzir os custos e a pegada de carbono das operações de gestão de resíduos. Por exemplo, a utilização de software de gestão de resíduos permite aos estabelecimentos de saúde monitorizar os volumes de resíduos em tempo real e otimizar as recolhas. As iniciativas comunitárias também podem reforçar a gestão dos resíduos hospitalares. Ao colaborar com as comunidades locais, os centros de saúde podem sensibilizar o público para a importância da gestão de resíduos e incentivar acções colectivas, como dias de limpeza ou programas de devolução de medicamentos. Isto não só promove uma melhor gestão dos resíduos, como também uma relação positiva entre o hospital e a comunidade. A colaboração internacional também pode fornecer informações valiosas. Ao partilharem as melhores práticas com estabelecimentos de saúde de outros países, os serviços de saúde universal podem conhecer novas abordagens e tecnologias para a gestão de resíduos. Por exemplo, as conferências e os fóruns internacionais sobre sustentabilidade nos cuidados de saúde permitem que os profissionais partilhem experiências e adoptem inovações comprovadas. Por último, as empresas de reciclagem e de recuperação de resíduos podem ajudar os UHC a transformar os seus resíduos em recursos. Ao estabelecerem parcerias com estas empresas, as instituições de cuidados de saúde podem não só reduzir a quantidade de resíduos enviados para aterros, mas também contribuir para uma economia circular. Por exemplo, as iniciativas de reciclagem de plásticos médicos em novas matérias-primas podem transformar um problema numa oportunidade. Os parceiros externos desempenham um papel fundamental na gestão de resíduos nos UHCs. A sua experiência, recursos e empenhamento na sustentabilidade podem melhorar significativamente as práticas de gestão de resíduos, contribuindo para um ambiente de cuidados de saúde mais seguro e sustentável. Ao colaborar com estes intervenientes, os estabelecimentos de saúde podem não só otimizar a sua gestão de resíduos, mas também reforçar o seu impacto positivo na saúde pública e no ambiente.

COMPROMISSO DA COMUNIDADE PARA COM A GESTÃO DE RESÍDUOS

A participação da comunidade na gestão de resíduos nos hospitais universitários (UHC) é um elemento essencial para promover práticas sustentáveis e reforçar a relação entre os hospitais e as suas comunidades. Em primeiro lugar, a sensibilização da comunidade para a importância da gestão dos resíduos hospitalares pode ajudar a reduzir a quantidade de resíduos produzidos. As campanhas de sensibilização, organizadas em colaboração com escolas, organizações locais e grupos comunitários, podem informar o público sobre os perigos associados aos resíduos hospitalares e incentivar um comportamento responsável, como a devolução de medicamentos não utilizados.

Imagem : Freepik

Além disso, os CUS podem organizar eventos comunitários para promover a redução e a reciclagem de resíduos. Estes eventos, tais como dias de limpeza ou workshops de triagem de resíduos, permitem que os membros da comunidade se envolvam em acções concretas. Por exemplo, um hospital na Alemanha organizou dias de sensibilização em que os voluntários ajudaram a separar os resíduos, enquanto aprendiam sobre as práticas de gestão de resíduos hospitalares. Estas iniciativas reforçam o sentimento de pertença e incentivam uma cultura de sustentabilidade no seio da comunidade. As parcerias com organizações locais também podem enriquecer os esforços de gestão de resíduos. Ao trabalhar com ONGs e grupos ambientais, os UHCs podem beneficiar da experiência destas organizações para desenvolver programas de sensibilização e formação. Por exemplo, as ONG podem ajudar a conceber programas educativos sobre os perigos dos resíduos hospitalares e sobre as melhores práticas para a sua eliminação. Isto cria uma sinergia entre os estabelecimentos de saúde e a comunidade, reforçando a capacidade colectiva de gerir os resíduos. A participação da comunidade pode também assumir a forma de iniciativas de recolha de resíduos. Os hospitais universitários podem organizar programas de devolução de medicamentos, em que os doentes e os membros da comunidade podem devolver os medicamentos não utilizados ou fora do prazo de validade para serem eliminados de forma segura. Estes programas não só reduzem o risco de poluição, como também incentivam a participação ativa da comunidade na gestão dos resíduos. Por exemplo, vários hospitais nos Estados Unidos criaram pontos de recolha de medicamentos, atraindo a participação dos residentes. Os estabelecimentos de saúde podem também integrar as preocupações ambientais nas suas relações com a comunidade. Ao organizarem fóruns ou reuniões públicas, os hospitais universitários podem ouvir as preocupações dos cidadãos sobre a gestão dos resíduos e responder às suas perguntas. Esta transparência ajuda a criar confiança e mostra que os hospitais levam a sério a sua responsabilidade pelo ambiente e pela saúde pública. Para além disso, as iniciativas de voluntariado podem reforçar o envolvimento da comunidade. Os UHC podem incentivar os seus empregados a participar em actividades de limpeza nos bairros circundantes ou em programas educativos nas escolas. Estas acções demonstram um compromisso com a comunidade e reforçam os laços entre o pessoal do hospital e os residentes. Os hospitais no Canadá, por exemplo, incentivaram os seus empregados a organizar workshops nas escolas sobre gestão de resíduos, sensibilizando assim os jovens para práticas responsáveis. O envolvimento da comunidade também pode promover a inovação na gestão de resíduos. As ideias e preocupações expressas pelos membros da comunidade podem ajudar a desenvolver soluções criativas adaptadas às necessidades locais. Por exemplo, os grupos comunitários podem propor iniciativas de compostagem para os resíduos orgânicos produzidos pelos hospitais, promovendo uma abordagem sustentável e reduzindo os resíduos enviados para aterros. Por último, o envolvimento da comunidade na gestão de resíduos ajuda a reforçar a responsabilidade social dos hospitais universitários. Ao mostrarem que se preocupam com o ambiente e a saúde da comunidade, os estabelecimentos de saúde podem melhorar a sua imagem e ganhar o apoio do público. Pode também incentivar uma maior colaboração entre os hospitais e as comunidades, abrindo caminho a futuras iniciativas que promovam a sustentabilidade e a saúde pública.

CONCLUSÃO E APELO À ACÇÃO

Em conclusão, a gestão de resíduos nos hospitais universitários é uma questão crucial que afecta não só a saúde pública, mas também o ambiente. Os desafios colocados pelos resíduos hospitalares, sejam eles infecciosos, químicos ou plásticos, exigem uma abordagem integrada e colaborativa. O empenho de todas as partes interessadas (estabelecimentos de saúde, comunidades, parceiros externos, etc.) é essencial para o desenvolvimento de soluções sustentáveis e eficazes. É imperativo que os UHC implementem práticas de gestão de resíduos que cumpram as normas ambientais, protegendo simultaneamente a saúde dos doentes e dos trabalhadores. Isto inclui a adoção de tecnologias inovadoras, a sensibilização do pessoal e dos doentes e o reforço da colaboração com parceiros externos. As iniciativas comunitárias também desempenham um papel fundamental na mobilização dos cidadãos em torno da gestão de resíduos, promovendo a mudança de comportamentos e uma cultura de sustentabilidade. A este respeito, apelamos a uma ação colectiva. Os hospitais devem intensificar os seus programas de formação e sensibilização, e os governos devem estabelecer regulamentos mais rigorosos para a gestão dos resíduos hospitalares. As comunidades devem envolver-se ativamente em iniciativas de sensibilização e de redução dos resíduos. Todos os intervenientes têm um papel a desempenhar nesta dinâmica. Juntos, podemos transformar os desafios da gestão de resíduos em oportunidades para criar sistemas de saúde mais sustentáveis e responsáveis. Ao adotar uma abordagem proactiva, podemos não só proteger o nosso ambiente, mas também garantir um futuro saudável para as gerações vindouras. É tempo de agir, de trabalhar em conjunto e de fazer da gestão dos resíduos hospitalares uma prioridade nos nossos estabelecimentos de saúde.

REFLEXÕES FINAIS E PERSPECTIVAS

As reflexões finais sobre a gestão de resíduos nos hospitais universitários (UHC) sublinham a importância de uma abordagem sistémica e colaborativa. A complexidade dos resíduos hospitalares, que inclui materiais infecciosos, químicos e plásticos, exige não só estratégias de gestão rigorosas, mas também uma maior sensibilização para as questões ambientais e de saúde pública. A este respeito, é essencial que a UHC adopte práticas sustentáveis que minimizem a sua pegada ecológica, garantindo simultaneamente a segurança dos doentes e do pessoal. Uma perspetiva fundamental para o futuro é a integração das tecnologias digitais na gestão dos resíduos. Os sistemas de rastreio em tempo real, baseados em software de gestão de resíduos, podem permitir aos hospitais controlar melhor os seus fluxos de resíduos, otimizar a triagem e melhorar a eficiência da recolha.

Exemplos como o sistema de gestão de resíduos da Cleveland Clinic mostram como a digitalização pode transformar a gestão de resíduos, fornecendo dados exactos e facilitando a tomada de decisões. Além disso, a educação e a sensibilização desempenham um papel crucial na mudança de comportamento nos estabelecimentos de saúde. Os programas de formação contínua para o pessoal e as iniciativas de sensibilização para os doentes podem ter um impacto significativo na redução dos resíduos.

Por exemplo, a Clínica Mayo introduziu sessões de formação sobre gestão de resíduos, o que levou a um aumento das taxas de reciclagem e a uma redução dos resíduos de plástico. As parcerias com intervenientes externos, como ONG, empresas de reciclagem e autoridades públicas, também podem reforçar os esforços de gestão de resíduos da UHC. Ao trabalhar com organizações como a "Health Care Without Harm", que tem como objetivo reduzir o impacto ambiental dos estabelecimentos de cuidados de saúde, os CUC podem beneficiar das melhores práticas e de conhecimentos inestimáveis. Além disso, iniciativas como o programa "Green Hospital" na Europa incentivam o intercâmbio de conhecimentos entre estabelecimentos para desenvolver soluções inovadoras. As perspectivas de futuro para a gestão de resíduos nos CUS incluem também a adoção de modelos de negócio circulares.

Isto implica não só a redução dos resíduos na fonte, mas também a reutilização e reciclagem de materiais sempre que possível. Instituições como o Hospital Charité, em Berlim, já começaram a implementar programas avançados de reciclagem, transformando resíduos de plástico em novas matérias-primas. Por último, é imperativo que as políticas públicas apoiem estas iniciativas. Regulamentos mais rigorosos e incentivos financeiros para práticas sustentáveis

podem encorajar a UHC a investir em soluções amigas do ambiente.
Exemplos da França, onde são concedidos subsídios para a modernização dos sistemas de tratamento de resíduos, ilustram como o apoio governamental pode atuar como catalisador da mudança. A gestão de resíduos nos hospitais universitários é um domínio em evolução, onde as práticas sustentáveis, uma maior sensibilização e uma colaboração efectiva podem transformar desafios em oportunidades. É tempo de agir coletivamente para construir um futuro sustentável nos cuidados de saúde.

FONTES E REFERÊNCIAS BIBLIOGRÁFICAS

Organização Mundial de Saúde (OMS). (2021). Gestão de Resíduos de Cuidados de Saúde: A Resource for Health Care Facilities. Genebra: Imprensa da OMS.

Brouchou, L., Dupuy, D., & Renaud, G. (2020). Gestão de resíduos infecciosos em hospitais: Safety and Health Risks. Investigação sobre Gestão de Resíduos, 38(4), 345-352.

Dufour, J., Lemaire, V., & Petit, C. (2021). Práticas sustentáveis na gestão de resíduos de saúde: Desafios e Oportunidades. Environment International, 150, 106- 114.

Garrido, M., Mendez, J., & Ruiz, A. (2019). Gestão de resíduos em cuidados de saúde: A Review of the Literature. Journal of Environmental Management, 250, 109-115.

Dufour, J., Lemaire, V., & Petit, C. (2021). Práticas sustentáveis na gestão de resíduos de saúde: Desafios e Oportunidades. Environment International, 150, 106- 114.

Brouchou, L., Dupuy, D., & Renaud, G. (2020). Gestão de resíduos infecciosos em hospitais: Safety and Health Risks. Investigação sobre Gestão de Resíduos, 38(4), 345-352.

Garrido, M., Mendez, J., & Ruiz, A. (2019). Gestão de resíduos em cuidados de saúde: A Review of the Literature. Journal of Environmental Management, 250, 109-115.

Organização Mundial de Saúde (OMS). (2021). Gestão de Resíduos de Cuidados de Saúde: A Resource for Health Care Facilities. Genebra: Imprensa da OMS.

Comissão Europeia. (2008). Diretiva 2008/98/CE relativa aos resíduos.

Comissão Europeia. (2011). Diretiva 2011/97/UE relativa aos resíduos de actividades de cuidados de saúde que apresentam um risco infecioso.

ISO. (2015). ISO 14001:2015 - Sistemas de gestão ambiental.

Dufour, J., Lemaire, V., & Petit, C. (2021). Práticas sustentáveis na gestão de resíduos de saúde: Desafios e Oportunidades. Environment International, 150, 106- 114.

Brouchou, L., Dupuy, D., & Renaud, G. (2020). Gestão de resíduos infecciosos em hospitais: Safety and Health Risks. Investigação sobre Gestão de Resíduos, 38(4), 345-352.

Comissão Europeia. (1989). Diretiva 89/391/CEE relativa à saúde e segurança dos trabalhadores.

Comissão Europeia. (2012). Diretiva 2012/19/UE relativa aos resíduos de

equipamentos eléctricos e electrónicos (REEE).
Brouchou, L., Dupuy, D., & Renaud, G. (2020). Gestão de resíduos infecciosos em hospitais: Safety and Health Risks. Investigação sobre Gestão de Resíduos, 38(4), 345-352.
Dufour, J., Lemaire, V., & Petit, C. (2021). Práticas sustentáveis na gestão de resíduos de saúde: Desafios e oportunidades. Environment International, 150, 106- 114.
Garrido, M., Mendez, J., & Ruiz, A. (2019). Gestão de resíduos em cuidados de saúde: A Review of the Literature. Jornal de Gestão Ambiental, 250, 109-115.
Bouchouicha, M., Djerrou, L., & Saidi, S. (2019). Desafios da gestão de resíduos médicos na Argélia: A Review and Recommendations. Jornal de Ciência e Engenharia da Saúde Ambiental, 17(4), 2331-2342.
Cuidados de Saúde sem Dano (n.d.). Cuidados de saúde sustentáveis.
Clínica de Cleveland. (2021). Iniciativas de gestão de resíduos e sustentabilidade. Clínica Mayo. (2020). Programas de Redução de Resíduos e Reciclagem.
Hospital Charité, Berlim (2022). Estratégias de reciclagem e gestão de resíduos.
Ministério da Saúde, França. (2021). Subsídios para a gestão de resíduos hospitalares.

ÍNDICE

Resíduos hospitalares: Para uma gestão sustentável nos hospitais universitários

Por: G.L/ABU YOUCEF/2024

MIX
Papier aus verantwortungsvollen Quellen
Paper from responsible sources
FSC® C105338

Printed by Books on Demand GmbH, Norderstedt / Germany